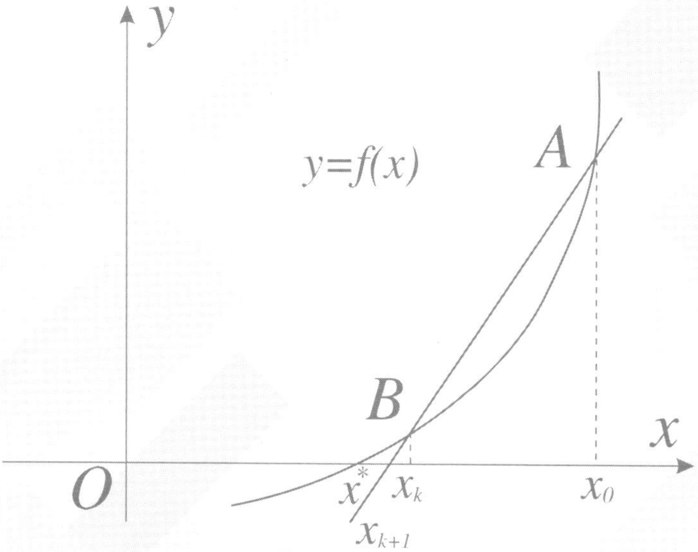

21世纪本科生教材

计算方法（第二版）

■ 主编 贺俐

WUHAN UNIVERSITY PRESS
武汉大学出版社

图书在版编目(CIP)数据

计算方法/贺俐主编. —2 版. —武汉：武汉大学出版社,2018.9.
21 世纪本科生教材
ISBN 978-7-307-15698-2

Ⅰ. 计…　Ⅱ. 贺…　Ⅲ. 计算方法—高等学校—教材　Ⅳ. O241

中国版本图书馆 CIP 数据核字(2015)第 093561 号

责任编辑:谢文涛　　责任校对:汪欣怡　　版式设计:马　佳

出版发行: **武汉大学出版社**　(430072　武昌　珞珈山)
(电子邮件: cbs22@ whu. edu. cn　网址: www. wdp. com. cn)
印刷:武汉中科兴业印务有限公司
开本:720 × 1000　1/16　印张:12.75　字数:229 千字　插页:1
版次:1998 年 8 月第 1 版　2018 年 9 月第 2 版
2018 年 9 月第 2 版第 1 次印刷
ISBN 978-7-307-15698-2　定价:28.00 元

第二版前言

随着电子计算机应用的日益普及，科学计算的重要性已被愈来愈多的人所认识。特别是理工科大学的学生，应当具备这方面的知识和能力，因此计算方法在许多工科院校已被列为大学生的必修课。

本书是在武汉大学(原武汉水利电力大学)原有《数值计算方法》讲义及教材的基础上，根据理工科教学《计算方法课程教学基本要求》和总结多年该课程教学实践经验后重新编写成的。

计算科学与技术的发展，对这门课程的教学提出了新的要求，为更好地适应计算方法课程的教学，根据我国大学计算方法教材的变化，本书编者对《计算方法》(第一版)进行了修改：

(1)对一些章节的标题重新作了编排及进一步的规范。

(2)对文中的图、表及阐述过程中的不完整部分及错误进行了补充和认真地修正。

(3)在内容安排上增加了数值微分，对不常用的算法进行了删减，使本教材更具有实用性。

(4)补充了部分章节的一些例题及习题。

(5)由于第一版中的第8章内容已老化，故将其删除，改为将一些常用经典算法的 MATLAB 程序与算例附在各章后面，供读者使用，从而达到培养学生具有科学计算的能力。并在介绍常用计算方法的同时，尽可能地阐述算法的误差、稳定性及所研究问题的性态等理论。

MATLAB 在科学计算中应用非常广泛，它可以像 Basic、C、Fortran 等计算高级语言一样进行程序设计、编写 M 文件。通常 MATLAB 也称为第四代编程语言，成为最受用户喜爱的数学软件之一。目前有大量的 MATLAB 书籍出版，因此关于 MATLAB 的简介部分不在此给出，读者可以参阅任何关于 MAT-

LAB操作的书籍。

本书共分七章，即误差理论、插值法与曲线拟合、数值积分与数值微分、线性方程组的直接解法、线性方程组的迭代解法、非线性方程的数值解法以及常微分方程初值问题的数值解法。本书在选材方面突出基本概念、基本方法和基本理论，体现“重概念、重方法、重应用、重能力培养”的精神。在文字叙述方面力求做到由浅入深，通俗易懂，易于教学。每章都配有较多例题和习题并附有小结，以便自学，书末给出每章所有习题的参考答案。书内打“ * ”号的内容可以根据专业及学时进行取舍。本书在内容上着重介绍计算机中基本的、有效的各类数值问题的计算方法。读者只要具备本科高等数学（微积分）及线性代数的知识，就可以学习该书的内容。

感谢参加第一版编写的程桂兴教授、石岗教授及主审的高西玲教授。感谢使用原《数值计算方法》教材的老师们提供的建设性的建议。感谢武汉大学出版社的大力支持和帮助。由于编者水平有限，缺点和错误在所难免，恳请读者批评指正。

本书是为大学理工科专业及工科院校大学生开设“计算方法”课程编写的，也可作为要求较高的独立院校、成教学院、民办大学等本科院校的教材，还可用于业余科技学院及工程人员自学与进修使用。

编　者

2018年4月

序 言

使用计算工具(如电子计算机等)求解数学问题数值解的全过程,称为数值计算。

随着科学技术的不断发展,数值计算越来越显示出其重要作用。从家用电器到航天技术都有大量复杂的数值问题亟待解决,计算这些复杂的数值问题已不可能由手工计算来完成,计算机技术的飞速发展极大地促进了数值计算方法的改进,很多复杂的数值问题现状都可以通过计算机的计算得到解决。

计算机成为数值计算的主要工具以来,计算方法这门学科成为科学计算中的重要一环。计算方法这门学科的主要内容是什么?它具有哪些特点?以及数值计算得到的解是近似值,必然会产生各种误差。如何控制和减少这些误差造成的危害,成为我们学习计算方法所要关心的问题。因此,首先要明确计算方法在科学计算中所处的地位。

现代科技领域中的三个重要方法是科学实验、科学计算及理论研究。由于计算机在科研与工程实际中越来越显示出它的优越性,如在计算机上修改一个设计方案比起在实地作修改要容易得多。因此,人们往往就用科学计算来取代某些实验。何况有些科研题目根本无法通过实验来进行,只能通过科学计算来解决。这种由实验向计算的巨大转变,也促进了一些边缘学科的相继出现,例如计算物理、计算化学、计算力学、计算生物学以及计算经济学等学科应运而生。

既然科学计算如此重要,那么计算方法又在其中处于什么地位呢?我们用框图来表明电子计算机解决实际问题,大体上要经历如下过程:

实际问题 ⟶ 建立数学模型 ⟶ 选定计算方法 ⟶

编写程序 ⟶ 上机计算出结果 ⟶ 分析结果

由此可见，计算方法处于一种承上启下的位置，它在整个计算中是重要的不可缺少的一环。

计算方法以数学问题为研究对象，但它不是研究数学本身的理论，而是着重研究求解数学问题的计算方法及其相关理论，包括误差分析、收敛性和稳定性等内容，它的任务是面向计算机，提供计算机上实际可行，达到精度要求，理论分析可靠，计算复杂性好的各种数值方法。

根据“计算方法”的特点，学习本课程时，我们应首先注意掌握计算方法的基本原理和思想，注意方法处理的技巧及其与计算机的密切结合，重视误差分析、收敛性及稳定性的基本理论。其次还要注意方法的使用条件，通过各种方法的比较，了解各种方法的异同及优缺点。同时，通过一定数量的计算练习，培养和提高我们使用各种数值计算方法解决实际计算问题的能力。

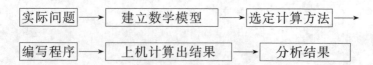

目　录

第1章　误差理论

由于计算机是数值计算的主要工具，所以计算方法的主要内容是研究适合于计算机上使用的数值计算方法的构造及与此相关的理论分析，并包括讨论方法的收敛性、稳定性以及误差分析。

1.1　误差的来源与分类

在生产实践和科学研究中，我们在解决问题时往往是将连续变量离散化，然后用离散点上的近似值代替其精确值，这样就要求讨论这两个数值的差别。另外，由于在每一步计算时对于数都很难作出精确的运算，而在进行这种大量的运算之后，会给问题的精确解带来一定的差别，这些差别在数学上称为误差。必须注重这些误差的分析，其中包括对误差的来源和对误差传递造成危害的分析，以及对计算结果给出合理的误差估计。

误差的来源是多方面的，但主要有如下几个方面。

1. 模型误差

用计算机解决实际问题时，由于实际问题往往很复杂，因而首先对实际问题要进行抽象，忽略一些次要因素，简化条件，从而建立数学模型。实际问题与数学模型之间必然存在误差，这种误差就称作**模型误差**。

2. 观测误差

在数学模型中通常包括一些由观测或实验得来的数据，由于测量工具精度和测量手段的限制，得到的数据与实际大小必然有误差，这种误差称为**观测误差**。

3. 截断误差

由实际问题建立起来的数学模型，在很多情况下要得到精确解是困难的，通常要用数值方法求它的近似解，例如常把无限的计算过程用有限的计算过程代替。这种模型的准确解和由数值方法求出的近似解之间的误差称为**截断误差**，因为截断误差是数值计算方法固有的，又称为**方法误差**。如用

$$P(x)=x-\frac{1}{3!}x^3$$

近似代替函数

$$f(x)=\sin x$$

作近似计算时，截断误差 $R(x)$ 为

$$R(x)=f(x)-P(x)=\frac{\cos\xi}{5!}x^5,\quad \xi 在 0 与 x 之间。$$

4. 舍入误差

由于计算工具（如电子计算机等）字长所限制，参加计算的数只能保留有限位小数参加运算，有限位小数以后的尾数部分作四舍五入处理。这种由四舍五入所产生的误差就是**舍入误差**。如用 3.1416 作为 π 的近似值产生的误差就是舍入误差。这里要请读者注意的是，少量运算的舍入误差一般是微不足道的，但是，在计算机上完成千百万次运算之后舍入误差的积累就可能是很惊人的、是不可忽视的。

上述几种误差，都会影响计算结果的准确性，因而了解和研究这些误差对数值计算是有帮助的。但是，研究前两种误差（模型误差、观察误差）对计算结果的影响，往往不是计算工作者所能独立完成的。所以，我们一般只研究截断误差和舍入误差对计算结果的影响。这两种误差在数值计算中产生什么样的影响？这是学习本课程时所需重视的问题，下面先介绍几个概念。

1.2　绝对误差与相对误差

通常用绝对误差、相对误差或有效数字来说明一个近似值的精确度。

1.2.1　绝对误差与绝对误差限

定义 1.1　设某量的准确值为 x^*，x 为 x^* 的近似值，则称

$$\Delta x=x^*-x \tag{1-1}$$

为近似值 x 的**绝对误差**，简称**误差**。

例如 e 取 2.718，其绝对误差为

$$\Delta x=\mathrm{e}-2.718=0.0002818\cdots$$

$|\Delta x|$ 的大小显示出近似值 x 的准确程度，在同一量的不同近似值中，$|\Delta x|$ 越小，x 的准确度越高。

由此定义的绝对误差 Δx 可正可负，不要认为绝对误差是误差的绝对值。

通常在实际中无法得到准确值 x^*，从而也不能算出绝对误差 Δx 的准确值。但是，可以根据问题的实际背景或计算的情况给出 Δx 的估计范围，即给出一个正数 ε，使得

$$|\Delta x| = |x^* - x| \leqslant \varepsilon \tag{1-2}$$

成立，ε 通常叫做近似值 x 的**绝对误差限**，简称**误差限**，或称“**精度**”。有了误差限 ε，就可以知道准确值 x^* 的范围。

$$x - \varepsilon \leqslant x^* \leqslant x + \varepsilon \tag{1-3}$$

这范围有时也表示为

$$x^* = x \pm \varepsilon \tag{1-4}$$

如用皮尺测量某一构件长度，结果 x 总是在 1.01m 和 0.99m 之间取值，由(1-4)式知，这时

$$x^* = x \pm 0.01$$

用绝对误差来刻画一个近似值的准确程度是有局限性的。如测量 100m 和 1m 两个长度，若它们的绝对误差都是 1cm，显然前者的测量结果比后者的准确。由此可见，决定一个量的近似值的准确程度，除了要考虑绝对误差的大小外，还需要考虑该量本身的大小，为此引入相对误差的概念。

1.2.2 相对误差与相对误差限

定义 1.2 设 x^* 为准确值，x 是 x^* 的一个近似值，则称

$$e_x = \frac{\Delta x}{x^*} = \frac{x^* - x}{x^*}$$

为近似值 x 的**相对误差**。

从定义 1.2 看出，上面所述前者 100m 测量的相对误差为 1/10000，而后者 1m 测量的相对误差为 1/100，可见后者测量的相对误差是前者测量的相对误差的 100 倍。一般地说，在同一个量或不同量的几个近似值中，$|e_x|$ 小者为精度高者。由此可见，相对误差比绝对误差更能反映出误差的特征，因此在误差分析中相对误差比绝对误差更为重要。由于 Δx 与 x^* 都不能准确地求得，那么相对误差 e_x 也不能准确地求出，但也像绝对误差那样可以估计出它的大小范围。即给定一个正数 δ，使

$$|e_x| = \left| \frac{x^* - x}{x^*} \right| \leqslant \delta \tag{1-5}$$

称 δ 为近似值 x 的**相对误差限**。在实际中，由于准确值 x^* 总是无法得到，因此往往取

$$e_x=\frac{\Delta x}{x}=\frac{x^*-x}{x} \tag{1-6}$$

则称 e_x 为 x 的**相对误差**，同样

$$|e_x|=\left|\frac{x^*-x}{x}\right|\leqslant\delta \tag{1-7}$$

则称 δ 为 x 的**相对误差限**。

注意：绝对误差和绝对误差限是有量纲的量，而相对误差和相对误差限是没有量纲的量，通常用百分数表示。

例 1.1　设 $a=-2.18$ 和 $b=2.1200$ 分别是由准确值 a^* 和 b^* 经过四舍五入而得到的近似值，问 $|\Delta a|$，$|\Delta b|$，$|e_x(a)|$，$|e_x(b)|$ 各是多少？

解　凡是由准确值经过四舍五入而得到的近似值，其绝对误差限不超过该近似值末位的半个单位。于是

$|\Delta a|=|a^*-a|=0.005$，$|\Delta b|=|b^*-b|=0.00005$

由(1-7)式得

$$|e_x(a)|=\left|\frac{0.005}{-2.18}\right|\approx 0.23\%,\quad |e_x(b)|=\left|\frac{0.00005}{2.1200}\right|\approx 0.0024\%$$

1.3　有效数字与误差的关系

1.3.1　有效数字

用 $x\pm\varepsilon$ 表示一个近似值时，可以反映出它的准确程度，但计算时很不方便。为了使所表示的数本身能显示出它的准确程度，需要引进有效数字的概念。

例如当准确数 x^* 的位数很多时，可用四舍五入的办法来减少位数得到它的近似数。$\pi=3.1415926\cdots$ 若按四舍五入原则分别取四位和五位小数时，则得

$$\pi\approx 3.1416,\quad \pi\approx 3.14159$$

其绝对误差限不超过末位数的半个单位，即

$$|\pi-3.1416|\leqslant\frac{1}{2}\times 10^{-4},\quad |\pi-3.14159|\leqslant\frac{1}{2}\times 10^{-5}$$

若近似值 x 的误差限是其某一位上的半个单位时，就称其"精确"到这一位，且从该位起直到左起第一位非零数字为止的所有数字都称为 x 的**有效数字**。如图 1-1 所示。

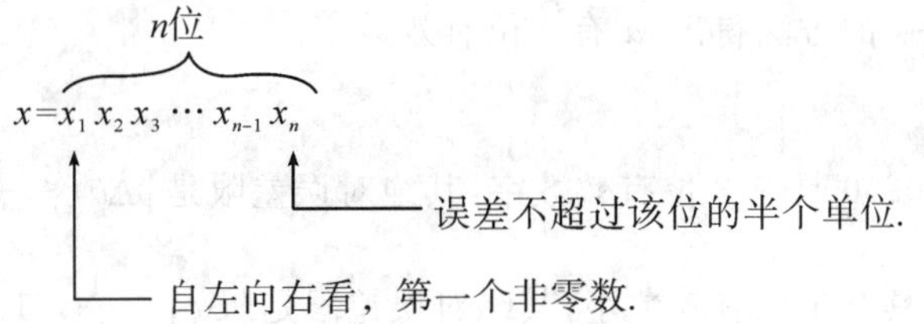

图 1-1　有效位数

将四舍五入原则抽象为数学语言，有效数字可以如下定义：

定义 1.3　设 x 为 x^* 的近似数，将 x 写成

$$x=\pm(x_1\cdot 10^{-1}+x_2\cdot 10^{-2}+\cdots+x_n\cdot 10^{-n})\cdot 10^m \tag{1-8}$$

式中：x_1 是 1 到 9 中的一个数，$x_2,x_3,\cdots,x_n$ 是 0 到 9 中的一个数；m 是整数，且 x 的绝对误差限满足不等式

$$|x^*-x|\leqslant\frac{1}{2}\times 10^{m-n} \tag{1-9}$$

时，则称近似数 x 具有 n 位**有效数字**。或称 x 精确到 10^{m-n} 位，其中 $x_1,x_2,\cdots,x_n$ 都是 x 的有效数字。

例如 e 的近似值 2.718 写成(1-8)式的形式是

$$2.718=(2\times 10^{-1}+7\times 10^{-2}+1\times 10^{-3}+8\times 10^{-4})\times 10^1$$

可见，$n=4$，$m=1$，由有效数字的定义知 2.718 具有 4 位有效数字，其绝对误差限为

$$|\mathrm{e}-2.718|\leqslant\frac{1}{2}\times 10^{m-n}=\frac{1}{2}\times 10^{-3}$$

例 1.2　按四舍五入原则写出下列各数具有五位有效数字的近似值

187.9325，　0.03785551，　8.000033，　2.7182818，　0.0002816651

解　对每一个数，从左到右第一个非零数字算起取五位数，第六位即按四舍五入原则或舍去或进位，便可得到具有五位有效数字的近似值，它们分别是

187.93，　0.037856，　8.0000，　2.7183，　0.00028167

注意：8.000033 具有五位有效数字的近似值应为 8.0000，而不是 8，因为 8 只有一位有效数字。可见，小数点后面的零，不能任意去掉，以免损失精度。

例 1.3　指出下列各数具有几位有效数字及其绝对误差限。

$$a=2.0004,\quad b=-0.00200,\quad c=9000$$

解　将 $a=2.0004$ 写成(1-8)式的形式

$$a=(2\times 10^{-1}+0\times 10^{-2}+0\times 10^{-3}+0\times 10^{-4}+4\times 10^{-5})\times 10^1$$

可见 $m=1$，$n=5$，故 2.0004 具有 5 位有效数字，其绝对误差限为

$$|\Delta a|\leqslant\frac{1}{2}\times 10^{m-n}=\frac{1}{2}\times 10^{-4}$$

也可以用图 1-1 的方法得出，a 有 5 位有效数字。

同样可得

$b=-0.00200$ 具有 3 位有效数字，其绝对误差限是 $|\Delta b|\leqslant\frac{1}{2}\times10^{-5}$

$c=9\,000$ 具有 4 位有效数字，其绝对误差限是 $|\Delta c|\leqslant\frac{1}{2}\times10^{0}$

例如用 3.14 与 3.1416 分别近似 π，将 3.14 与 3.1416 写成(1-8)式的形式。

$$3.14=(3\times10^{-1}+1\times10^{-2}+4\times10^{-3})\times10^{1}$$

可见 $m_1=1, n_1=3$，故 3.14 具有 3 位有效数字。

$$3.1416=(3\times10^{-1}+1\times10^{-2}+4\times10^{-3}+1\times10^{-4}+6\times10^{-5})\times10^{1}$$

可见 $m_2=1$，$n_2=5$，故 3.1416 具有 5 位有效数字。

它们的绝对误差限分别是

$$|\pi-3.14|\leqslant\frac{1}{2}\times10^{1-3}=\frac{1}{2}\times10^{-2}$$

$$|\pi-3.1416|\leqslant\frac{1}{2}\times10^{1-5}=\frac{1}{2}\times10^{-4}$$

可见 3.1416 比 3.14 的绝对误差限小。在 m 相同的情况下，3.1416 比 3.14 的有效数字位数多($n_2>n_1$)，所以 3.1416 比 3.14 近似 π 的精度要高。因此，可以断言，在 m 相同的情况下，n 越大，则 10^{m-n} 越小，故有效数字的位数就越多，绝对误差限就越小。

另一方面，也用相对误差来衡量各数间的准确程度，有效数字位数越多的数，其相对误差越小，准确度越高。因此在进行数值计算时，应尽量避免参加运算的数的有效数字的损失，以免影响计算精度，同时准确值的有效数字可看作有无限多位。

1.3.2　有效数字与绝对误差和相对误差的关系

对于准确值 x^* 的一个近似值 x 而言，有效数字越多，它的绝对误差和相对误差就越小，而且知道了有效数字位数，由(1-9)式就可写出近似值 x 的绝对误差限。对于有效数字与相对误差限的关系，有下面定理。

定理 1-1　若用(1-8)式表示的近似值 x 具有 n 位有效数字，则其相对误差限为 $\frac{1}{2x_1}\times10^{-n+1}$，即

$$|\mathrm{e}_x|\leqslant\frac{1}{2x_1}\times10^{-n+1} \tag{1-10}$$

证明 由(1-8)式可得

$$x_1\times10^{m-1}\leqslant|x|\leqslant(x_1+1)\times10^{m-1}\tag{1-11}$$

再由(1-9)式可得

$$|e_x|=\frac{|x^*-x|}{|x|}\leqslant\frac{\frac{1}{2}\times10^{m-n}}{x_1\times10^{m-1}}=\frac{1}{2x_1}\times10^{-n+1}$$

证毕。

由此可见,只要知道了近似值 x 的有效数字的位数 n 和第一个非零数字 x_1,就能估计出它的相对误差限;反之,还可以从近似值的相对误差限来估计其有效数字的位数。

定理 1-2 若近似值 x 的相对误差限为

$$|e_x|\leqslant\frac{1}{2(x_1+1)}\times10^{-n+1}\tag{1-12}$$

则 x 至少具有 n 位有效数字。

证明 由于

$$|\Delta x|=|x^*-x|=|x|\cdot\frac{|x^*-x|}{|x|}=|x|\cdot|e_x|$$

再根据(1-11)式及(1-12)式,得

$$|\Delta x|=|x|\cdot|e_x|\leqslant(x_1+1)\times10^{m-1}\times\frac{1}{2(x_1+1)}\times10^{-n+1}=\frac{1}{2}\times10^{m-n}$$

故 x 有 n 位有效数字。

从上述两个定理可知有效数字位数可以刻画近似数的精确程度,绝对误差与小数后的位数有关;相对误差与有效数字的位数有关。

例 1.4 用 3.1416 来表示 π 的近似值时,它的相对误差限是多少?

解 由前面的讨论中知 3.1416 具有 5 位有效数字,$x_1=3$,由(1-10)式得出它的相对误差限为

$$|e_x|\leqslant\frac{1}{2\times3}\times10^{-5+1}=\frac{1}{6}\times10^{-4}$$

例 1.5 为了使 $\sqrt{20}$ 的近似数的相对误差限不超过 0.1%,问至少要取多少位有效数字?

解 根据定理 1-1 有

$$|e_x|\leqslant\frac{1}{2x_1}\times10^{-n+1}$$

因为 $\sqrt{20}$ 的第一个非零数字 $x_1=4$,从下列不等式中求出 n,

$$|e_x| \leqslant \frac{1}{2\times 4}\times 10^{-n+1} \leqslant 10^{-3}$$

故取 $n=4$ 即可满足。也就是说只要 $\sqrt{20}$ 的近似值具有 4 位有效数字，即 $\sqrt{20}\approx 4.472$，其相对误差限就不超过 0.1%。

1.4* 浮点数及其运算

目前计算机是进行数值计算的工具，而计算机的字长和运算方式对数值计算的结果有直接的影响。对于给定的数值方法，若我们注意到计算机有限字长和运算方式，则可以编出具有高计算精度的程序；否则，就会得出误差很大甚至误差完全淹没真值的结果。因此，了解计算机对数的表示和运算方式，对使用计算机十分必要。

计算机进行运算时，必须按照一定的方法确定小数点的位置，对于一个数的小数点位置的确定，计算机有两种表示法：定点表示法和浮点表示法。

定点表示法就是在数的表示中，小数点的位置是固定的。用定点表示法表示的数称为**定点数**，使用定点表示法的计算机称为**定点机**。由于计算机的飞速发展，目前一般不使用定点表示法而使用浮点表示法。

1.4.1 数的浮点表示

在数的表示中，小数点的位置可以变动的表示方法称为**浮点表示法**，用浮点表示法表示的数称为**浮点数**，使用浮点表示法的计算机称为**浮点机**。

如何将一个实数表示成浮点数，由数的表示可知，一个十进制数在浮点机中可以表示为如下形式：

$$x = \pm q \cdot 10^{\pm p} \quad (0<q<1) \tag{1-13}$$

式中：p 称为**阶码**或称**指数**，它有固定的上、下限，由机器确定。$10^{\pm p}$ 称为**定位部**，q 称为**尾数部**。可见浮点数分为阶码和尾数两个部分，并均有各自的符号位。任一种计算机由于它的字长有限，故浮点数的阶码和尾数都是有限数。

例如由(1-13)式将 456.604，　−5.516，　0.000888 分别表示成四位十进制浮点数的形式为 0.4566×10^3，　-0.5516×10^1，　0.0888×10^{-2} 其中 0.4566、 0.5516、 0.0888为各浮点数表示的尾数部，10^3、10^1、10^{-2} 为各浮点数表示的定位部。而 3、1、2 为各浮点数表示的阶码。

这种表示形式不仅可以使一个数的数量级一目了然，更重要的是浮点表示的数有比较大的取值范围，浮点运算有较高的计算精度，从而为编制程序提供了方便。

不同的计算机系统，字长 L 和 q、p 的选择是不同的。双精度浮点数的字长是单精度的两倍，阶码与单精度相同，因而数的表示范围没有扩大，但尾数字长增加一倍，导致有效数字增加。

为减少有效数字的丢失，提高运算精度，计算机的浮点数通常用规格化的形式表示。如果在尾数 q 的小数点后第一位数字不为零，则该数叫做规格化形式的数；如果尾数 q 的小数点后第一位数字为零，则该数称为非规格化形式的数。上面前两个数都是规格化形式的数。对于非规格化形式的数，可以通过变阶的办法将一个非规格化形式的数变为规格化形式的数。把一个非规格化形式的数变为规格化形式的数的过程叫做数的**规格化**。

例如，非规格化形式的数

$$0.0888\times10^{-2}$$

通过变阶可以成为规格化形式的数

$$0.8880\times10^{-3}$$

1.4.2 浮点数的运算

设有两个规格化浮点数：

$$A=M_A\times10^{E_A},\quad B=M_B\times10^{E_B}$$

1. 加(减)法运算

$$A\pm B=(M_A\pm M_B\times10^{E_B-E_A})\times10^{E_A}$$

2. 乘法运算

$$A\times B=(M_A\times M_B)\times10^{E_A+E_B}$$

3. 除法运算

$$A/B=(M_A\div M_B)\times10^{E_A-E_B}$$

最后指出，所有浮点运算的相对误差都不超过尾数的最后一位。

1.5 误差危害的防止

在数值计算中对误差影响的分析是一个十分重要而复杂的问题，尤其是舍入误差，它在每一步运算中都会出现。这些误差对计算结果影响有多大呢？这是误差理论中一个值得研究的问题。这里，提出在数值计算中应遵守的几点原则，它有助于判别计算结果的可靠程度以及防止误差危害现象的发生。

1. 选择稳定的数值计算公式

在选择数值计算公式来进行近似计算时，一开始就要选用那些在数值计算过程中不会导致误差迅速增长的计算公式。

例 1.6　计算积分

$$E_n=\int_0^1 x^n e^{x-1}\,dx\ ,\quad n=1,2,\cdots,9$$

解　利用分部积分得

$$E_n=\int_0^1 x^n e^{x-1}\,dx=[x^n e^{x-1}]_0^1-n\int_0^1 x^{n-1}e^{x-1}\,dx=1-nE_{n-1}$$

即得递推公式

$$E_n=1-nE_{n-1}\ ,\quad n=2,3,\cdots,9 \tag{1-14}$$

而 $E_1=e^{-1}$，利用这个递推公式进行计算，结果如下

$$E_1=0.367879,\quad E_2=0.264242,\cdots,\quad E_9=-0.068480$$

这个积分值应是正的，为何出现负值？这是因为递推公式(1-14)是一个数值不稳定公式。初始误差 ε 在运算中传播很快，E_1 取六位有效数字，其舍入误差 $\varepsilon=4.412\times10^{-7}$，而

$$E_2=1-2(E_1+\varepsilon)=1-2E_1-2!\varepsilon$$
$$E_3=1-3(1-2E_1)+3!\varepsilon$$
$$E_4=1-4[1-3(1-2E_1)]-4!\varepsilon$$
$$\cdots$$

所以，计算到 E_9 所产生的误差为

$$9!\times4.412\times10^{-7}\approx0.1601$$

而 E_9 取三位有效数字的精确值为 0.0916。显然，误差传播淹没了该积分的解。如果将(1-14)式改写成

$$E_{n-1}=\frac{1-E_n}{n} \tag{1-15}$$

因为当 $n\to\infty$ 时，$E_n\to 0$。取 $E_{20}=0$ 作初始出发值进行计算：

$$E_{20}=0.0,\quad E_{19}=0.0500000,\quad E_{18}=0.0500000,$$
$$\cdots,\quad E_{10}=0.0838771,\quad E_9=0.0916123$$

用(1-15)式进行计算，初始误差的影响在逐步减小，最后便得到精度较高的结果。我们把这种运算过程误差不会增长的计算公式称为是**数值稳定的**，否则就是**数值不稳定的**。所以(1-15)式是一个数值稳定公式，而(1-14)式是数值不稳定公式，在实际应用中应选用数值稳定的公式。**注意**：数值不稳定的公式是不能使用的。

2. 避免两个相近数相减

在数值计算中两个相近的数相减会造成有效数字严重损失。例如：

$x=8.000033$，$y=7.999999$，它们都是具有七位有效数字的数，$x-y=0.000034$，结果只剩下两位有效数字，这种严重损失有效数字的现象应该防止。

例 1.7 当 $x=1000$ 时，计算 $\sqrt{x+1}-\sqrt{x}$ 的值。

解 $x=1000$，计算中取 4 位有效数字

$$\begin{aligned}\sqrt{x+1}-\sqrt{x}&=\sqrt{1001}-\sqrt{1000}\\&\approx 31.64-31.62=0.02\end{aligned}$$

这个结果只有一位有效数字，损失了三位有效数字，从而绝对误差和相对误差都变得很大，严重影响计算结果的精度。这说明必须尽量避免这种运算，改变计算公式可以防止这种情形的出现。可把公式变形为

$$\sqrt{x+1}-\sqrt{x}=\frac{1}{\sqrt{x+1}+\sqrt{x}}\approx 0.01581$$

这样结果增加了有效数字的位数，可见改变计算公式，可以避免两个相近数相减引起的有效数字的损失，从而得到较精确的结果。

例 1.8 计算 $A=10^4(1-\cos 2°)$。

解 $\cos 2°\approx 0.9994$ 有四位有效数字，代入直接计算

$$A\approx 10^4(1-0.9994)=6$$

A 只有一位有效数字，若利用公式

$$1-\cos x=2\sin^2\frac{x}{2}$$

则有

$$\begin{aligned}A&=10^4(1-\cos 2°)=2\times(\sin 1°)^2\times 10^4\\&\approx 2\times 0.01745^2\times 10^4\\&\approx 6.09\end{aligned}$$

可见，A 具有三位有效数字。

例 1.9 用绝对值较小的 x 值，计算 e^x-1。

解 将 e^x 在 $x=0$ 的邻域内展开成幂级数。

$$e^x=1+x+\frac{1}{2}x^2+\frac{1}{6}x^3+\cdots$$

改写成为

$$e^x-1=x\left(1+\frac{1}{2}x+\frac{1}{6}x^2+\cdots\right)$$

的形式，就可以避免当 x 较小时，e^x 与 1 非常接近，造成有效数字严重损失。

有些计算如无法改变算式，可采用增加有效数字位数再进行运算；或在计算

机上用双倍字长运算，但这必须以增加机时和多占内存单元作代价。

3. 绝对值太小的数不宜作除数

算法语言中已讲过，在机器上若用很小的数作除数会溢出停机，而且当很小的数稍有一点误差时，对计算结果影响很大。

例如

$$\frac{2.7182}{0.001}=2781.2$$

如分母变为 0.0011，即分母只有 0.0001 的变化时，

$$\frac{2.7182}{0.0011}\approx 2471.1$$

商却引起了巨大变化。因此，在计算过程中不仅要避免两个相近数相减，更要避免再用这个差作除数。

4. 防止大数“吃掉”小数的运算

在数值计算中，参加运算的数有的数量级相差很大，而计算机的位数是有限的，如不注意运算次序就可能出现大数“吃掉”小数的现象。

例如计算 0.4994＋1 000＋0.0006000＋0.4090 的值，要求保留四位有效数字。

计算方案 1：　0.4994＋1 000≈1 000(保留四位)

1 000＋0.0006000≈1 000(保留四位)

1 000＋0.4090≈1 000(保留四位)

计算方案 2：　先把较小的数加起来，然后再加上大的数，就可得正确结果，也就是避免了计算方案 1 的大数“吃掉”小数的弊病。方案 2 计算次序为

$$\begin{aligned}&0.4994+0.0006000+0.4090+1\,000\\&\approx 0.5000+0.4090+1\,000\\&\approx 0.9090+1\,000\approx 1\,001\end{aligned}$$

在浮点数的运算过程中，可能发生大数“吃掉”小数的现象。例如两个四位十进制规格化浮点数求和的过程为

$$\begin{aligned}0.8966\times10^{3}+0.3688\times10^{-5}&\rightarrow 0.8966\times10^{3}+0.0000\times10^{3}\\&\rightarrow 0.8966\times10^{3}\quad(\text{对阶运算})\end{aligned}$$

其结果大数完全吃掉小数，为了使一些小的重要的数在运算中不至于被大数“吃掉”，在编程序时要先分析各数的数量级，然后编写出合理的计算方案。

注意：对阶是指对两数进行加(减)时，必须使小数点对齐后才能进行运算。小数点对齐，对浮点数来说，就是使两个数的阶码相等。使两个数阶码相等的过

程就称为对阶。对阶的过程，实际上都是采用小阶向大阶看齐的办法。

例 1.10 求解二次方程

$$x^2-(10^9+1)x+10^9=0$$

的根。

解 用因式分解容易得

$$x_1=10^9,\quad x_2=1$$

但用求根公式

$$x_1=\frac{-b+\sqrt{b^2-4ac}}{2a},\quad x_2=\frac{-b-\sqrt{b^2-4ac}}{2a}$$

编制程序，在能将规格化的数表示到小数点后八位的计算机上进行运算，则首先要对阶

$$-b=10^9+1=0.10000000\times10^{10}+0.00000000\boxed{01}\times10^{10}$$

由于等号右端第二项最后两位数字“01”在机器上表现不出来，故在机器运算时(用符号$\triangleq$表示机器中相等)实际上是

$$-b\triangleq10^9$$

类似地，有

$$\sqrt{b^2-4ac}\triangleq10^9$$

从而在机器中得到

$$x_1\triangleq\frac{10^9+10^9}{2}=10^9,\quad x_2\triangleq\frac{10^9-10^9}{2}=0$$

显然，根 x_2 严重失真，这是因为大数“吃掉”小数的结果。如果把 x_2 的公式写成

$$x_2=\frac{-b-\sqrt{b^2-4ac}}{2a}=\frac{2c}{-b+\sqrt{b^2-4ac}}$$

$$\triangleq\frac{2\times10^9}{10^9+10^9}=1$$

就能够得到好的结果。

5. 简化计算公式，减少运算次数

同样一个计算问题，若选用的计算公式简单，运算次数少，可以减少舍入误差的传播影响，还可节省计算机时间。

例如，计算多项式

$$P_n(x)=a_0x^n+a_1x^{n-1}+\cdots+a_{n-1}x+a_n$$

的值。如果直接计算每一项 a_kx^{n-k} 的值，然后再相加，其运算次数共需作 $n+(n-1)+\cdots+2+1=\frac{n(n+1)}{2}$ 次乘法和 n 次加法，才能得到一个值。但若将多

项式 $P_n(x)$ 的前 n 项提出 x，得

$$P_n(x)=(a_0x^{n-1}+a_1x^{n-2}+\cdots+a_{n-1})x+a_n$$

于是上式括号内是 $n-1$ 次多项式，对它再施行同样做法，又有

$$P_n(x)=((a_0x^{n-2}+a_1x^{n-3}+\cdots+a_{n-2})x+a_{n-1})x+a_n$$

对内层括号的 $n-2$ 次多项式再施行上述同样做法，又得一个 $n-3$ 次多项式，这样每作一步最内层的多项式就降低一次，最终可将多项式表述为如下嵌套形式

$$P_n(x)=(\cdots((a_0x+a_1)x+a_2)x+\cdots+a_{n-1})x+a_n$$

利用此式结构上的特点，从里往外一层一层地计算，则只需要进行 n 次乘法和 n 次加法就可以了。从这里我们可以看出简化公式的重要性。

小　结

在数值计算中误差的危害是一个特别值得重视的问题。若不控制误差的传播与积累，则计算结果就会与真值有很大的偏差，甚至它会完全淹没真值。

本章介绍了误差的基本概念，如误差的来源及误差的两种表示法：绝对误差和相对误差。事实上，在计算机上进行的运算都是有限位数的运算。因此有效数字的概念是非常重要和有用的，同时它给出了有效数字与误差之间的联系。

本章着重讨论截断误差，最后提出防止误差危害现象产生的若干原则，它有助于防止误差的传递和积累，确定计算的稳定性及判别计算结果的可靠性。

习　题　1

1. 将下列各数在保留四位有效数字下进行四舍五入，并指出各有效数字的绝对误差限。

1.1021，　1.0004，　396.84，　76.430，

0.0012713，　0.45715，　0.000010005。

2. 下列各数都是对准确数进行四舍五入后得到的近似数，试分别指出它们的绝对误差限、相对误差限和有效数字的位数。

$a_1=0.0315$，　$a_2=0.3015$，　$a_3=31.50$，　$a_4=5\,000$。

3. 已知 $\sqrt{3}=1.732050808\cdots$，试写出其具有三位、四位及五位有效数字的近似值，并求出它们的绝对误差限及相对误差限。

4. 下列各近似值的绝对误差限都是 0.0005，

$a=-1.00031$，　$b=0.042$，　$c=-0.00032$。

试指出它们各有几位有效数字。

5. 下列各近似值均有四位有效数字，

$a=0.01234$， $b=-12.34$， $c=-2.200$。

试指出它们的绝对误差限和相对误差限。

6. 下列各近似值的绝对误差限都是 0.005，

$a=-1.00021$， $b=0.032$， $c=-0.00041$。

试指出它们各有几位有效数字。

7. 为使积分

$$I=\int_0^1 \mathrm{e}^{-x^2}\,\mathrm{d}x$$

的近似值的相对误差限不超过 1%，问至少要取几位有效数字？

8. 改变下列表达式，使计算结果比较精确。

$$\frac{1}{1+2x}-\frac{1-x}{1+x},\qquad |x|\leqslant 1;$$

$$\sqrt{x+\frac{1}{x}}-\sqrt{x-\frac{1}{x}},\quad |x|\geqslant 1;$$

$$\frac{1-\cos x}{x},\qquad |x|\leqslant 1 \text{ 且 } x\neq 0。$$

9. 已知 $A=(\sqrt{2}-1)^6$，取 $\sqrt{2}\approx 1.4$，利用下列各式计算 A，问哪一个得到的计算结果最好？

(1) $\dfrac{1}{(\sqrt{2}+1)^6}$；　　(2) $(3-2\sqrt{2})^3$；

(3) $\dfrac{1}{(3+2\sqrt{2})^3}$；　　(4) $99-70\sqrt{2}$。

10. 数列 x_n 满足递推公式 $x_n=10x_{n-1}-1,(n=1,2,\cdots)$。若 $x_0=\sqrt{2}\approx 1.41$（三位有效数字），问按上述递推公式，从 x_0 到 x_{10} 时误差有多大？这个计算过程稳定吗？

11. 设 $x>0$，x 的相对误差限为 δ，求 $\ln x$ 的相对误差限。

第 2 章　插值法与曲线拟合

在科学研究与生产实践中遇到的函数关系 $y=f(x)$，虽然从原则上说它们在某个区间上是存在的，但一般是通过实验观测得到的。所以通常以数表的形式给出，并不知道它的解析表达式。这种表格函数，既不便于分析其性质和变化规律，也不便求出表中没有列出的函数值；因此，有必要寻求某种方法来确定这类函数关系的近似解析表达式。本章讨论的插值法和曲线拟合就是两种常用的方法。

2.1　插值问题

2.1.1　插值问题的基本概念

定义 2.1　设函数 $y=f(x)$ 在区间 $[a,b]$ 上有定义，它在该区间上的 $n+1$ 个互异点

$$a\leqslant x_0<x_1<x_2<\cdots<x_n\leqslant b$$

处的函数值为已知，记

$$f(x_i)=y_i,\quad i=0,1,\cdots,n$$

如果选取简单函数 $\varphi(x)$ 作为 $y=f(x)$ 的近似表达式，并要求满足以下条件：

$$\varphi(x_i)=y_i,\quad i=0,1,2,\cdots,n \tag{2-1}$$

称这样的函数近似问题为**插值问题**。(2-1)式称为**插值条件**，满足插值条件(2-1)式的近似函数 $\varphi(x)$ 就称为函数 $y=f(x)$ 的**插值函数**，而 $f(x)$ 称为**被插值函数**，互异点 $x_0,x_1,\cdots,x_n$ 称为**插值节点**（简称节点），而 x 称为**插值点**，区间 $[a,b]$ 称为**插值区间**。

如何选取插值函数 $\varphi(x)$ 要视具体情况而定。常见的插值函数 $\varphi(x)$ 有多项式、有理分式、三角函数等，其中多项式不仅表达式简单、而且有连续光滑、可微可积等好的特性，因而获得广泛的应用。选取多项式 $P(x)$ 为插值函数来近似 $f(x)$ 的插值问题称为多项式插值问题，本章主要讨论多项式插值与分段插值的

问题。

从以上定义 2.1 我们看到，多项式 $P(x)$ 是否为函数 $y=f(x)$ 在节点 x_0，x_1，…，x_n 上的插值多项式，就看多项式 $P(x)$ 是否满足两条：其一是 $P(x)$ 的次数不超过节点的个数减一；其二是 $P(x)$ 与 $y=f(x)$ 在节点上的值相等。

多项式插值的几何意义是，通过给定的 $n+1$ 个点 $(x_i, y_i)(i=0,1,\cdots,n)$，作一条曲线 $y=P(x)$ 近似代替曲线 $y=f(x)$，如图 2-1 所示。

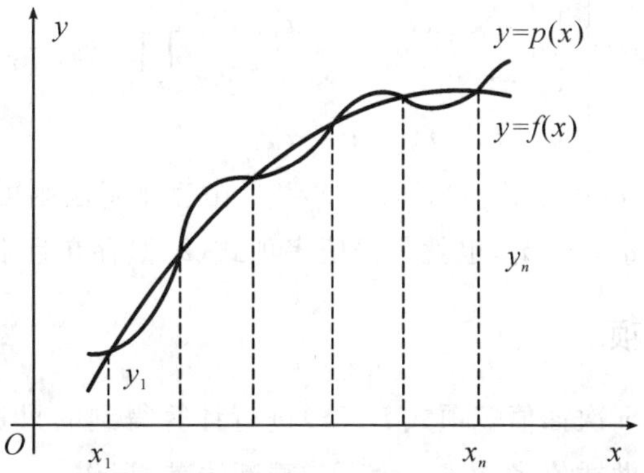

图 2-1 多项式插值的几何意义

下面，我们必须解决以下 4 个问题：

(1)插值多项式是否存在，若存在是否唯一。

(2)怎样推导插值多项式。

(3)如何估计其逼近程度。

(4)如何应用。

2.1.2 插值多项式的存在唯一性

一个在 $n+1$ 个互异节点上满足插值条件(2-1)式的不高于 n 次的多项式

$$P_n(x)=a_0+a_1x+a_2x^2+\cdots+a_nx^n \tag{2-2}$$

称为**插值多项式**。这样的多项式是否存在并且唯一呢？回答是肯定的。

定理 2-1 在 $n+1$ 个互异节点 x_i 上满足条件 $P_n(x_i)=y_i(i=0,1,2,\cdots,n)$ 的次数不高于 n 次的插值多项式存在且唯一。

证明 如果(2-2)式的 $n+1$ 个系数可以被唯一确定，则该多项式也就存在且唯一。

根据插值条件(2-1)式，(2-2)式中的系数 $a_0, a_1, \cdots, a_n$ 应满足下面 $n+1$ 阶线性方程组

$$\begin{cases} a_0+a_1x_0+a_2x_0^2+\cdots+a_nx_0^n=y_0 \\ a_0+a_1x_1+a_2x_1^2+\cdots+a_nx_1^n=y_1 \\ \vdots \quad \vdots \quad \vdots \quad \vdots \\ a_0+a_1x_n+a_2x_n^2+\cdots+a_nx_n^n=y_n \end{cases} \tag{2-3}$$

式中未知量 $a_0,a_1,\cdots,a_n$ 的系数行列式为范德蒙(Vandermonde)行列式

$$D=\begin{vmatrix} 1 & x_0 & x_0^2 & \cdots & x_0^n \\ 1 & x_1 & x_1^2 & \cdots & x_1^n \\ \vdots & \vdots & \vdots & & \vdots \\ 1 & x_n & x_n^2 & \cdots & x_n^n \end{vmatrix}=\prod_{0\leqslant j\leqslant i\leqslant n}(x_i-x_j) \tag{2-4}$$

由于节点互异,即 $x_i\neq x_j(i\neq j)$,所以 $D\neq 0$。由克莱姆法则可知方程组(2-3)有唯一的一组解 $a_0,a_1,\cdots,a_n$,也就是插值多项式(2-2)存在且唯一。

2.1.3　插值余项

一般说来,用 n 次插值多项式 $P_n(x)$ 进行计算得到的只是函数 $y=f(x)$ 的近似值,其误差叫做插值多项式的**余项或截断误差**,记作

$$R_n(x)=f(x)-P_n(x) \tag{2-5}$$

下面给出插值余项表达式的定理。

记 $\bar{I}$ 为包含 $x,x_0,x_1,\cdots,x_n$ 的最小闭区间,I 为包含于 $\bar{I}$ 中的最大开区间,又记

$$\omega_{n+1}(x)=\prod_{i=0}^{n}(x-x_i)=(x-x_0)(x-x_1)\cdots(x-x_n) \tag{2-6}$$

定理 2-2　设函数 $y=f(x)$ 在区间 I 上具有直到 $n+1$ 阶的连续导数,x_0,$x_1,\cdots,x_n$ 是互异节点,则插值多项式(2-2)的余项为

$$R_n(x)=\frac{f^{(n+1)}(\xi)}{(n+1)!}\omega_{n+1}(x),\quad \xi\in I \tag{2-7}$$

证明　当 x 为某个节点时定理显然成立。设 x 异于所有的节点,可以构造辅助函数

$$\varphi(t)=f(t)-P_n(t)-\frac{f(x)-P_n(x)}{\omega_{n+1}(x)}\omega_{n+1}(t)\quad t\in I$$

容易验证 $\varphi(t)$ 有 $n+2$ 个互异零点 $x,x_0,\cdots,x_n$。由罗尔定理可知,$\varphi'(t)$ 在区间 I 内至少有 $n+1$ 个零点。反复利用罗尔定理可知至少存在一点 $\xi\in I$ 使

$$\varphi^{(n+1)}(\xi)=0$$

注意:$P_n(t)$ 是关于 t 的 n 次多项式,求 $n+1$ 次导数后为零;$\omega_{n+1}(t)$ 是首项

系数为 1 的 $n+1$ 次多项式，其 $n+1$ 阶导数为常数 $(n+1)!$。于是有

$$f^{(n+1)}(\xi)-\frac{f(x)-P_n(x)}{\omega_{n+1}(x)}(n+1)!=0$$

式中：$f(x)-P_n(x)=R_n(x)$，整理后即得(2-7)式。

记 $M=\max\limits_{x\in I}|f^{(n+1)}(x)|$，则有

$$|R_n(x)|\leqslant\frac{M}{(n+1)!}|(x-x_0)(x-x_1)\cdots(x-x_n)| \tag{2-8}$$

(2-7)式称为多项式的插值**余项公式**。由于无法求出公式中 ξ 的准确值，在实际计算中用它来估计误差仍有困难。因此，只在理论分析中应用。实际应用中通常采用(2-8)式作为多项式插值的**余项估计式。**

注意：(1)只有当 $f(x)$ 的高阶导数 $f^{(n+1)}(x)$ 存在时才能应用定理 2-2。

(2)由(2-8)式知 $|R_n(x)|$ 的大小除与 M 以及节点 $x_i(i=0,1,\cdots,n)$ 有关外，还与插值点 x 有关。x 越靠近节点，$|\omega_{n+1}(x)|$ 就越小，从而误差也越小。因此，选取节点时应该使插值点 x 尽可能含在所选取的节点之间。

2.2 拉格朗日(Lagrange)插值多项式

原则上可以通过求解方程组(2-3)来确定满足插值条件(2-1)的插值多项式(2-2)式，但需要较多的计算工作量。拉格朗日插值多项式是一种在形式上不同于(2-2)式的插值多项式。这种形式的明显优点是无需求解方程组，只要给出 $n+1$ 个互异节点及对应的函数值，便能直接写出这种形式的插值多项式，且能一眼看出它满足插值条件(2-1)式。

拉格朗日插值多项式通常记为 $L_n(x)$。如果在方程组(2-3)上加上一个方程

$$a_0+a_1x+a_2x^2+\cdots+a_nx^n=L_n(x)$$

将构成 $n+2$ 个方程的联立方程组，而未知量只有 $n+1$ 个，根据非齐次线性方程组有解的充要条件必有

$$\begin{vmatrix} 1 & x & x^2 & \cdots & x^n & L_n(x) \\ 1 & x_0 & x_0^2 & \cdots & x_0^n & y_0 \\ 1 & x_1 & x_1^2 & \cdots & x_1^n & y_1 \\ \vdots & \vdots & \vdots & & \vdots & \vdots \\ 1 & x_n & x_n^2 & \cdots & x_n^n & y_n \end{vmatrix}=0$$

将以上增广矩阵的行列式按最后一列展开，并利用(2-4)式列出范德蒙行列式的计算公式，经整理后可得到 $L_n(x)$ 的表达形式如下：

$$L_n(x)=y_0 l_0(x)+y_1 l_1(x)+\cdots+y_n l_n(x) \tag{2-9}$$

称(2-9)式为 **n 次拉格朗日插值多项式**。

式中：

$$l_i(x)=\frac{(x-x_0)(x-x_1)\cdots(x-x_{i-1})(x-x_{i+1})\cdots(x-x_n)}{(x_i-x_0)(x_i-x_1)\cdots(x_i-x_{i-1})(x_i-x_{i+1})\cdots(x_i-x_n)} \tag{2-10}$$

$$i=0,1,2,\cdots,n$$

$l_i(x)$ 叫做拉格朗日插值多项式的**插值基函数**，是 n 次多项式，显然它满足

$$l_i(x_j)=\begin{cases}0 & j\neq i\\ 1 & j=i\end{cases}\qquad i,j=0,1,2,\cdots,n$$

由此不难得出

$$L_n(x)=\sum_{i=0}^{n} y_i l_i(x),\quad i=0,1,2,\cdots,n \tag{2-11}$$

特别当 $n=1$ 时，即得到 $y=f(x)$ 的一次插值多项式

$$L_1(x)=y_0\frac{x-x_1}{x_0-x_1}+y_1\frac{x-x_0}{x_1-x_0} \tag{2-12}$$

(2-12)式的几何意义就是通过两点 (x_0,y_0)，(x_1,y_1) 的直线方程，它与直线方程的二点式是一致的。$L_1(x)$ 也叫**线性插值函数**，如图 2-2 所示。

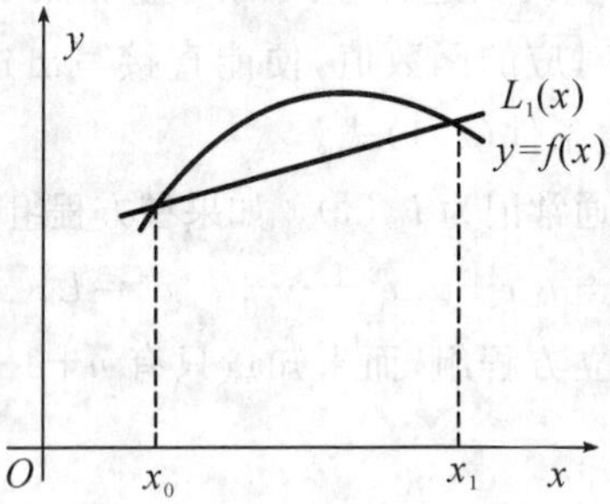

图 2-2

当 $n=2$ 时，即得到 $y=f(x)$ 的二次插值多项式

$$L_2(x)=y_0\frac{(x-x_1)(x-x_2)}{(x_0-x_1)(x_0-x_2)}+y_1\frac{(x-x_0)(x-x_2)}{(x_1-x_0)(x_1-x_2)}+y_2\frac{(x-x_0)(x-x_1)}{(x_2-x_0)(x_2-x_1)} \tag{2-13}$$

如果 (x_0,y_0)，(x_1,y_1)，(x_2,y_2) 是不在一条直线上的三个点，(2-13)式的几何意义即表示过这三点的抛物线，所以 $L_2(x)$ 也叫**抛物线插值函数**(如图 2-3 所示)。

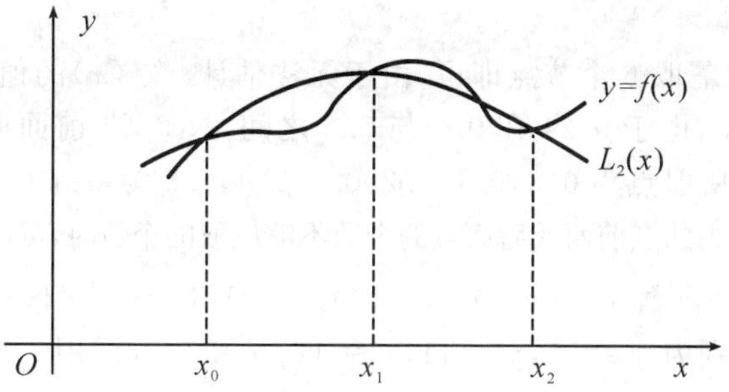

图 2-3

例 2.1 已知函数 $y=f(x)$的观察数据为

i	0	1	2	3
x_i	-2	0	4	5
y_i	5	1	-3	1

试构造拉格朗日插值多项式 $L_3(x)$，并计算 $L_3(-1)$。

解 利用公式(2-9)和(2-10)，有

$$L_3(x)=5\frac{x(x-4)(x-5)}{(-2)(-2-4)(-2-5)}+\frac{(x+2)(x-4)(x-5)}{2(-4)(-5)}$$
$$-3\frac{(x+2)x(x-5)}{(4+2)4(4-5)}+\frac{(x+2)x(x-4)}{(5+2)5(5-4)}$$

整理得

$$L_3(x)=1-\frac{55}{21}x-\frac{1}{14}x^2+\frac{5}{42}x^3$$

$$L_3(-1)=1+\frac{55}{21}-\frac{1}{14}-\frac{5}{42}=\frac{24}{7}$$

例 2.2 已知函数表

i	0	1	2	3	4	5	6	7	8
x_i	0.0	0.1	0.2	0.3	0.4	0.5	0.6	0.7	0.8
y_i	1.000	1.005	1.019	1.043	1.076	1.117	1.164	1.216	1.270

若要用 5 次插值多项式 $L_5(x)$ 计算 $f(0.24)$ 的近似值，问如何选择节点才能使误差最小？

解　显然只需取 6 个节点即可，由于无法估计 $f^{(6)}(x)$ 的值，故应选择节点使 $|\omega_{n+1}(x)|$ 最小，由于 0.24 在 0.2 与 0.3 之间，故 0.24 前面取三个点及后面取三个点即可。所取点为 0.0，0.1，0.2，0.3，0.4，0.5 为最好。

注　若所考虑的点前面或后面点的个数不够应取的个数时，可以从另一侧来补。

例 2.3　已知函数 $y=\sqrt{x}$，当 $x_0=100, x_1=121, x_2=144, x_3=169$ 时，四点对应的函数值分别为 $y_0=10, y_1=11, y_2=12, y_3=13$。试用二次插值多项式求出 $\sqrt{115}$ 的近似值，并估计误差。

解　应选择靠近 $x=115$ 的点，即 $x_0=100, x_1=121, x_2=144$ 代入公式(2-13)得二次插值多项式

$$L_2(x)=\frac{(x-121)(x-144)}{(100-121)(100-144)}\times 10+\frac{(x-100)(x-144)}{(121-100)(121-144)}\times 11+\frac{(x-100)(x-121)}{(144-100)(144-121)}\times 12$$

求 $\sqrt{115}$ 的近似值可以直接利用此插值公式，将 $x=115$ 代入上式，计算得到 $L_2(115)=10.72276$ 即得

$$\sqrt{115}\approx 10.72276$$

将所得的结果与精确值 10.7328…相比较，看出抛物线插值的精度较高，再用公式(2-8)来估计误差。

$$f'''(x)=\frac{3}{8}x^{-5/2},\quad M=\max_{x\in[100,144]}\left\{\frac{3}{8}|x|^{-5/2}\right\}=\frac{3}{8}\times 10^{-5}$$

于是

$$|R_2(115)|\leqslant\frac{1}{3!}\cdot\frac{3}{8}\times 10^{-5}\times|(115-100)(115-121)(115-144)|\leqslant 1.63\times 10^{-3}$$

下面利用(2-6)式把 $L_n(x)$ 改写成另一种形式。先对(2-6)式两边取对数

$$\ln\omega_{n+1}(x)=\sum_{i=0}^{n}\ln(x-x_i)$$

再对 x 求导数

$$\frac{\omega'_{n+1}(x)}{\omega_{n+1}(x)}=\sum_{i=0}^{n}\frac{1}{x-x_i}$$

于是

$$\omega'_{n+1}(x)=\sum_{i=0}^{n}\frac{\omega_{n+1}(x)}{x-x_i}$$
$$=\sum_{i=0}^{n}(x-x_0)\cdots(x-x_{i-1})(x-x_{i+1})\cdots(x-x_n)$$

$$\omega'_{n+1}(x_j)=(x_j-x_0)(x_j-x_1)\cdots(x_j-x_{j-1})(x_j-x_{j+1})\cdots(x_j-x_n)$$

利用这些结果可以把公式(2-9)改写成下面较简单的形式：

$$L_n(x)=\sum_{j=0}^{n}\frac{\omega_{n+1}(x)}{(x-x_j)\omega'_{n+1}(x_j)}y_j \tag{2-14}$$

注意：(1)插值多项式 $L_n(x)$ 只与插值节点及被插值函数 $f(x)$ 在插值节点处的函数值有关，而与 $f(x)$ 无关；余项 $R_n(x)$ 与 $f(x)$ 关系最为密切。

(2)若被插值函数 $f(x)$ 本身就是小于 n 的多项式，于是有 $f^{(n+1)}(x)=0$，由公式(2-7)可知，$R_n(x)\equiv 0$，即插值多项式 $L_n(x)$ 与被插值函数 $f(x)$ 相等。

(3)当被插值函数 $f(x)\equiv 1$ 时，则 $f(x_i)=1(i=0,1,2,\cdots n)$，且 $R_n(x)=0$，$f(x)=L_n(x)=1$，从而可得拉格朗日插值基函数的一个重要性质 $\sum_{i=0}^{n} l_n(x)=1$。这说明 $n+1$ 个 n 次插值基函数的和等于1。

2.3　差商与牛顿(Newton)插值多项式

拉格朗日插值多项式其形式具有对称性、便于记忆和编程计算等明显优点。但是，如果在计算过程中需要增加一些节点，以求得较高次的插值多项式，则整个公式都改变了，以前算得的结果就不能在新的公式里发挥作用，计算工作就必须全部从头做起。牛顿插值多项式对此作了改进，当增加一个节点时只需在原来的插值多项式的基础上增加一项，原来的计算结果得到了利用，这样就节约了计算时间，为实际计算带来了许多方便。在讨论牛顿插值多项式前，先介绍差商的概念及其性质。

2.3.1　差商的定义及其性质

1. 差商的定义

定义 2.2　已知函数 $f(x)$ 在 $n+1$ 个互异节点 $x_i(i=0,1,\cdots,n)$ 上函数值分别为 $f(x_0),f(x_1),\cdots,f(x_n)$。

$$f[x_i,x_{i+1}]=\frac{f(x_{i+1})-f(x_i)}{x_{i+1}-x_i} \tag{2-15}$$

称为 $f(x)$ 关于节点 x_i,x_{i+1} 的**一阶差商**。

$$f[x_i,x_{i+1},x_{i+2}]=\frac{f[x_{i+1},x_{i+2}]-f[x_i,x_{i+1}]}{x_{i+2}-x_i}$$

称为 $f(x)$关于节点 x_i,x_{i+1},x_{i+2}的**二阶差商**。一般地，

$$f[x_i,x_{i+1},\cdots,x_{i+k}]=\frac{f[x_{i+1},x_{i+2},\cdots,x_{i+k}]-f[x_i,x_{i+1},\cdots,x_{i+k-1}]}{x_{i+k}-x_i} \tag{2-16}$$

称为 $f(x)$关于节点 $x_i,x_{i+1},\cdots,x_{i+k}$的 **$k$ 阶差商**($k\geqslant 1$)。当 $k=0$ 时，称 $f(x_i)$为 $f(x)$关于节点 x_i 的**零阶差商**，记为 $f[x_i]$。

2. 差商的性质

性质 1　函数 $f(x)$关于节点 $x_0,x_1,\cdots,x_k$ 的 k 阶差商 $f[x_0,x_1,\cdots,x_k]$可以表示为 $f(x_0),f(x_1),\cdots,f(x_k)$的线性组合，即

$$f[x_0,x_1,\cdots,x_k]=\sum_{j=0}^{k}\frac{f(x_j)}{\omega'_{k+1}(x_j)} \tag{2-17}$$

式中：$w_{k+1}(x)=\prod_{j=0}^{k}(x-x_j)$

证明　用数学归纳法。当 $k=1$ 时，由定义有

$$f[x_0,x_1]=\frac{f(x_1)-f(x_0)}{x_1-x_0}=\frac{f(x_0)}{x_0-x_1}+\frac{f(x_1)}{x_1-x_0}=\sum_{j=0}^{1}\frac{f(x_j)}{\omega'_{1+1}(x_j)}$$

当 $k=1$ 时，(2-17)式成立。假设 $k=n-1$ 时也成立，即对 $n-1$ 阶差商(2-17)式均成立，于是有

$$\begin{aligned}f[x_0,x_1,\cdots,x_{n-1}]&=\sum_{j=0}^{n-1}\frac{f(x_j)}{\omega'_n(x_j)}\\&=\sum_{j=0}^{n-1}\frac{f(x_j)}{(x_j-x_0)(x_j-x_1)\cdots(x_j-x_{j-1})(x_j-x_{j+1})\cdots(x_j-x_{n-1})}\end{aligned}$$

记 $\overline{\omega}_n(x)=\prod_{j=1}^{n}(x-x_j)$

亦有 $f[x_1,x_2,\cdots,x_n]=\sum_{j=1}^{n}\frac{f(x_j)}{\overline{\omega}'_n(x_j)}$

$$=\sum_{j=1}^{n}\frac{f(x_j)}{(x_j-x_1)(x_j-x_2)\cdots(x_j-x_{j-1})(x_j-x_{j+1})\cdots(x_j-x_n)}$$

由差商定义 2.2 可得

$$\begin{aligned}f[x_0,x_1,\cdots,x_n]&=\frac{f[x_1,x_2,\cdots,x_n]-f[x_0,x_1,\cdots,x_{n-1}]}{x_n-x_0}\\&=\sum_{j=1}^{n}\frac{f(x_j)}{\overline{\omega}'_n(x_j)(x_n-x_0)}+\sum_{j=0}^{n-1}\frac{f(x_j)}{\omega'_n(x_j)(x_0-x_n)}\\&=\frac{f(x_0)}{(x_0-x_1)\cdots(x_0-x_n)}+\\&\quad\sum_{j=1}^{n-1}\left[\frac{f(x_j)}{\overline{\omega}'_n(x_j)(x_n-x_0)}-\frac{f(x_j)}{\omega'_n(x_j)(x_n-x_0)}\right]+\end{aligned}$$

$$\frac{f(x_n)}{(x_n-x_0)(x_n-x_1)\cdots(x_n-x_{n-1})}$$

$$=\sum_{j=0}^{n}\frac{f(x_j)}{\omega'_{n+1}(x_j)}$$

即推出 $k=n$ 时也成立，故命题成立。

由性质 1 可直接推出性质 2。

性质 2 （对称性）差商与其所含节点的排列次序无关。如

$$f[x_0,x_1]=f[x_1,x_0]$$

$$f[x_0,x_1,x_2]=f[x_1,x_0,x_2]=f[x_2,x_1,x_0]$$

性质 3 设 $f(x)$ 在包含互异节点 $x_0,x_1,\cdots,x_n$ 的闭区间 $[a,b]$ 上有 n 阶导数，则 n 阶差商与 n 阶导数之间有如下关系

$$f[x_0,x_1,\cdots,x_n]=\frac{f^{(n)}(\xi)}{n!},\quad \xi\in(a,b) \tag{2-18}$$

关于这一性质的证明将在以后给出。

各阶差商的计算可用列差商表的方法求得，具体见表 2-1

表 2-1

x_i	y_i	一阶差商	二阶差商	三阶差商	…
x_0	y_0				
		$f[x_0,x_1]$			
x_1	y_1		$f[x_0,x_1,x_2]$		
		$f[x_1,x_2]$		$f[x_0,x_1,x_2,x_3]$	
x_2	y_2		$f[x_1,x_2,x_3]$		
		$f[x_2,x_3]$		$f[x_1,x_2,x_3x_4]$	
x_3	y_3		$f[x_2,x_3,x_4]$		…
		$f[x_3,x_4]$			
x_4	y_4				
					…
⋮	⋮	⋮	⋮	⋮	

例如，函数 $f(x)=x^3$，取互异节点为 0,2,3,5，求其差商表

由差商定义得

$$f[0,2]=\frac{f(2)-f(0)}{2-0}=4,\quad f[2,3]=\frac{f(3)-f(2)}{3-2}=19,$$

$$f[3,5]=\frac{f(5)-f(3)}{5-3}=49$$

$$f[0,2,3]=\frac{f(2,3)-f(0,2)}{3-0}=5,\quad f[2,3,5]=\frac{f[3,5]-f[2,3]}{5-2}=10$$

$$f[0,2,3,5]=\frac{f[2,3,5]-f[0,2,3]}{5-0}=1$$

列表如下：

x_i	$f(x_i)$	一阶差商	二阶差商	三阶差商
0	0			
		4		
2	8		5	
		19		1
3	27		10	
		49		
5	125			

2.3.2 牛顿插值多项式

设 $x\in[a,b]$，$x_i\in[a,b]$根据差商的定义 2.2，

$$f[x,x_0]=\frac{f(x)-f(x_0)}{x-x_0}$$

移项整理可得

$$f(x)=f(x_0)+f[x,x_0](x-x_0) \tag{2-19}$$

再利用二阶差商的定义和性质 2 可得

$$f[x,x_0,x_1]=\frac{f[x,x_0]-f[x_0,x_1]}{x-x_1}$$

移项得

$$f[x,x_0]=f[x_0,x_1]+f[x,x_0,x_1](x-x_1)$$

将此式代入(2-19)式得

$$f(x)=f(x_0)+f[x_0,x_1](x-x_0)+f[x,x_0,x_1](x-x_0)(x-x_1)$$

重复以上过程可得

$$\begin{aligned}f(x)=f(x_0)&+f[x_0,x_1](x-x_0)+f[x_0,x_1,x_2](x-x_0)(x-x_1)+\cdots+\\&f[x_0,x_1,\cdots,x_n](x-x_0)(x-x_1)\cdots(x-x_{n-1})+\\&f[x,x_0,x_1,\cdots,x_n](x-x_0)(x-x_1)\cdots(x-x_n)\end{aligned} \tag{2-20}$$

记

$$\begin{aligned}N_n(x)=f(x_0)&+f[x_0,x_1](x-x_0)+\cdots+f[x_0,x_1,\cdots,x_n](x-x_0)\\&(x-x_1)\cdots(x-x_{n-1})\end{aligned} \tag{2-21}$$

这就是 n **次牛顿插值多项式**。比较(2-20)与(2-21)两式，立即可得其余项公式为

$$R_n(x)=f[x,x_0,x_1,\cdots,x_n]\omega_{n+1}(x) \tag{2-22}$$

将任一插值节点 x_i 代入余项公式显然有

$$R_n(x_i)=0, \quad i=0,1,2,\cdots,n$$

由此推得　　$$N_n(x_i)=f(x_i), \quad i=0,1,2,\cdots,n$$

因此 n 次牛顿插值多项式是满足插值条件(2-1)的插值多项式。由存在唯一性定理可知余项公式(2-7)和(2-22)是相同的,即

$$f[x,x_0,x_1,\cdots,x_n]=\frac{f^{(n+1)}(\xi)}{(n+1)!}, \quad \xi\in(a,b)$$

这就证明了差商的性质 3。

例 2.4　已知一组观察数据为

i	0	1	2	3
x_i	1	2	3	4
y_i	0	-5	-6	3

试用此组数据构造 3 次牛顿插值多项式 $N_3(x)$,并计算 $N_3(1.5)$的值。

解　先按表 2-1 造出差商表。

x_i	y_i	一阶差商	二阶差商	三阶差商
1	$\underline{0}$			
		$\underline{-5}$		
2	-5		$\underline{2}$	
		-1		$\underline{1}$
3	-6		5	
		9		
4	3			

相应的牛顿插值多项式只需将表中加下画线的数字代入公式(2-21)即得

$$N_3(x)=0-5(x-1)+2(x-1)(x-2)+$$
$$(x-1)(x-2)(x-3)$$

整理得　　$$N_3(x)=x^3-4x^2+3$$

$$N_3(1.5)=1.5^3-4\times1.5^2+3=-2.625$$

或

$$N_3(1.5)=0-5(1.5-1)+2(1.5-1)(1.5-2)+$$
$$(1.5-1)(1.5-2)(1.5-3)$$
$$=-2.625$$

2.4　差分与等距节点的牛顿插值公式

等距节点是不等距节点的一个特例，以上给出的牛顿插值公式对等距节点的情形也是适用的，但是为了使用方便起见，可以利用节点之间等距的特点并引进差分的概念，将牛顿插值公式表示成更为简洁的形式。

2.4.1　差分及其性质

定义 2.3　设函数 $y=f(x)$ 在等距节点 $x_i=x_0+ih(i=0,1,2,\cdots,n)$ 上的值 $y_i=f(x_i)$ 为已知，$h=\dfrac{b-a}{n}$ 为常数，称为**步长**，引入记号

$$\Delta y_i=y_{i+1}-y_i \tag{2-23}$$

$$\nabla y_i=y_i-y_{i-1} \tag{2-24}$$

分别称为函数 $y=f(x)$ 在 x_i 处以 h 为步长的一阶**向前差分**和一阶**向后差分**，符号 Δ 和 ∇ 分别称为**向前差分算符**和**向后差分算符**，这里约定 $\Delta^0 y_i=\nabla^0 y_i=y_i$。所谓算符，可以理解为某种运算的符号记法。

与高阶差商可以由低阶差商来定义相类似，高阶差分也可以通过对低阶差分再求差分来定义。例如二阶差分可以用以下方法得到

$$\begin{aligned}\Delta^2 y_i &=\Delta(\Delta y_i)=\Delta(y_{i+1}-y_i)\\ &=\Delta y_{i+1}-\Delta y_i=y_{i+2}-2y_{i+1}+y_i\end{aligned}$$

$$\begin{aligned}\nabla^2 y_i &=\nabla(\nabla y_i)=\nabla(y_i-y_{i-1})\\ &=\nabla y_i-\nabla y_{i-1}=y_i-2y_{i-1}+y_{i-2}\end{aligned}$$

更高阶的差分可以用同样的方法递推得到。其一般表达式为

$$\Delta^m y_i=\sum_{j=0}^{m}(-1)^j\begin{pmatrix}m\\ j\end{pmatrix}y_{i-j+m} \tag{2-25}$$

$$\nabla^m y_i=\sum_{j=0}^{m}(-1)^{m-j}\begin{pmatrix}m\\ j\end{pmatrix}y_{i+j-m} \tag{2-26}$$

式中：$\begin{pmatrix}m\\ j\end{pmatrix}=\dfrac{m!}{j!\ (m-j)!}$，是二项式展开系数。

以下不加证明地介绍几个常用的差分性质。

性质 1　向前差分与向后差分有以下关系

$$\nabla^m y_i = \Delta^m y_{i-m}, m=1,2,\cdots,i \tag{2-27}$$

性质 2　差分与差商有以下关系

$$f[x_i,x_{i+1},\cdots,x_{i+m}] = \frac{1}{m!}\frac{1}{h^m}\Delta^m y_i, m=1,2,\cdots,i \tag{2-28}$$

$$f[x_i,x_{i-1},\cdots,x_{i-m}] = \frac{1}{m!}\frac{1}{h^m}\nabla^m y_i, m=1,2,\cdots,i \tag{2-29}$$

性质 3　设函数 $y=f(x)$在包含等距节点 $x_i,x_{i+1},\cdots,x_{i+m}$的区间 I 上有 m 阶导数,则在该区间上至少存在一点 ξ,使

$$\Delta^m y_i = h^m f^{(m)}(\xi), \quad \xi\in I \tag{2-30}$$

各阶差分的计算可以用列差分表的方式进行,表 2-2 是计算一到四阶向前差分的差分表。以此类推,可以列出计算更高次差分的差分表。

表 2-2

y_i	Δy_i	$\Delta^2 y_i$	$\Delta^3 y_i$	$\Delta^4 y_i$
y_0				
	$\Delta y_0 = y_1 - y_0$			
y_1		$\Delta^2 y_0 = \Delta y_1 - \Delta y_0$		
	$\Delta y_1 = y_2 - y_1$		$\Delta^3 y_0 = \Delta^2 y_1 - \Delta^2 y_0$	
y_2		$\Delta^2 y_1 = \Delta y_2 - \Delta y_1$		$\Delta^4 y_0 = \Delta^3 y_1 - \Delta^3 y_0$
	$\Delta y_2 = y_3 - y_2$		$\Delta^3 y_1 = \Delta^2 y_2 - \Delta^2 y_1$	
y_3		$\Delta^2 y_2 = \Delta y_3 - \Delta y_2$		
	$\Delta y_3 = y_4 - y_3$			
y_4				

2.4.2　等距节点的牛顿插值公式

如果要计算插值点 x 靠近点 x_0 处函数 $y=f(x)$的近似值,可以令 $x=x_0+th$,其中 $0<t<1$,对等距节点有

$$\omega_{i+1}(x) = t(t-1)(t-2)\cdots(t-i)h^{i+1} \tag{2-31}$$

将公式(2-28)和(2-31)代入牛顿插值多项式(2-21)则得

$$N_n(x) = y_0 + t\Delta y_0 + \frac{t(t-1)}{2!}\Delta^2 y_0 + \cdots + \frac{t(t-1)\cdots(t-n+1)}{n!}\Delta^n y_0 \tag{2-32}$$

(2-32)式称为**牛顿前插公式**。如果 x 靠近节点 x_i,只需将公式(2-32)中的 y_0 均换成 y_i 即可。

在非等距节点情形如果需要求出接近 x_n 处函数 $y=f(x)$ 的近似值，可以将公式(2-21)改为按插值节点 $x_n, x_{n-1}, \cdots, x_0$ 的次序排列的牛顿插值公式，即

$$N_n(x)=f[x_n]+f[x_n,x_{n-1}](x-x_n)+\cdots+$$

$$f[x_n,x_{n-1},\cdots,x_0](x-x_n)(x-x_{n-1})\cdots(x-x_1) \tag{2-33}$$

节点若为等距时，设 $x=x_n-th$，其中 $0<t<1$，即 x 为靠近节点 x_n 的点，于是有

$$(x-x_n)(x-x_{n-1})\cdots(x-x_{n-i})=(-1)^{i+1}t(t-1)\cdots(t-i)h^{i+1} \tag{2-34}$$

将(2-29)和(2-34)代入公式(2-33)，得

$$N_n(x)=y_n-t\nabla y_n+(-1)^2\frac{t(t-1)}{2!}\nabla^2 y_n+\cdots+(-1)^n\frac{t(t-1)\cdots(t-n+1)}{n!}\nabla^n y_n$$

$$=\sum_{j=0}^{n}(-1)^j\frac{t(t-1)\cdots(t-j+1)}{j!}\nabla^j y_n \tag{2-35}$$

(2-35)式称为**牛顿后插公式**。其中 $\nabla^j y_n$，　$j=0,1,\cdots,n$，可以用构造向后差分表的方法得到。其构造法与向前差分表是类同的，只是节点及相应的函数值的排列次序不同而已。

如果遇到的实际问题既要求出函数 $y=f(x)$ 靠近节点 x_0 处的近似值，又要求出它靠近节点 x_n 处的近似值，这时分别利用公式(2-32)和(2-35)，就需要构造向前差分表和向后差分表。能否利用一个差分表来完成以上两个工作呢？回答是肯定的。我们可以利用差分性质 1 将公式(2-35)改写成

$$N_n(x)=y_n-t\Delta y_{n-1}+\frac{t(t-1)}{2!}\Delta^2 y_{n-2}+\cdots+$$

$$(-1)^n\frac{t(t-1)\cdots(t-n+1)}{n!}\Delta^n y_0$$

$$=\sum_{j=0}^{n}(-1)^j\frac{t(t-1)\cdots(t-j+1)}{j!}\Delta^j y_{n-j} \tag{2-36}$$

公式(2-32)和(2-36)都只用到向前差分，所以只需构造向前差分表，公式(2-32)用表前部分，公式(2-36)用表后部分，所以分别称它们为**表前公式**和**表后公式**。

牛顿前插公式的余项为

$$R_n(x)=\frac{f^{(n+1)}(\xi)}{(n+1)!}h^{n+1}t(t-1)(t-2)\cdots(t-n),\quad \xi\in(x_0,x_n) \tag{2-37}$$

牛顿后插公式的余项为

$$R_n(x)=(-1)^{n+1}\frac{f^{(n+1)}(\xi)}{(n+1)!}h^{n+1}t(t-1)(t-2)\cdots(t-n),\quad \xi\in(x_0,x_n) \tag{2-38}$$

例 2.5 已知 $f(x)=\sin x$ 的一组数据如下，分别用 2 次牛顿前插公式和牛顿后插公式求 sin0.5789 的近似值，并估计误差。

x	0.4	0.5	0.6	0.7
$y=\sin x$	0.3849	0.4794	0.5646	0.6442

解 先作向前差分表。

x_i	y_i	Δy_i	$\Delta^2 y_i$	$\Delta^3 y_i$
0.4	0.3894			
		0.0900		
0.5	0.4794		−0.0048	
		0.0852		−0.0008
0.6	0.5646		−0.0056	
		0.0796		
0.7	0.6442			

(1)牛顿前插公式。

因为 $0.5<0.5789<0.6$，所以取 $x_0=0.5, x_1=0.6, x_2=0.7, h=0.1$，

$$t=\frac{x-x_0}{h}=\frac{0.5789-0.5}{0.1}=0.789$$

由牛顿前插公式(2-32)得

$$N_2(x)=y_0+\Delta y_0 t+\frac{\Delta^2 y_0}{2!}t(t-1)=0.4794+0.0852\cdot t-0.0028\cdot t(t-1)$$

故

$$\sin 0.5789 \approx N_2(0.5789)$$

$$=0.4794+0.0852\times 0.789-0.0028\times 0.789\times(0.789-1)$$

$$=0.5471$$

由(2-37)式得误差

$$R_2(x)=\frac{-\cos\xi}{6}t(t-1)(t-2)\times 10^{-3}\quad(0.5<\xi<0.7)$$

$$|R_2(0.5789)|\leqslant\frac{1}{6}\times|0.789\times(0.789-1)(0.789-2)|\times 10^{-3}$$

$$=0.336\times 10^{-4}$$

(2)牛顿后插公式。

取 $x_2=0.6, x_1=0.5, x_0=0.4$，得

$$t=\frac{x_2-x}{h}=\frac{0.6-0.5789}{0.1}=0.211$$

由牛顿后插公式(2-35)得

$$N_2(x)=y_2-\nabla y_2 t+\frac{\nabla^2 y_2}{2!}t(t-1)$$

$$=y_2-\Delta y_1 t+\frac{\Delta^2 y_0}{2!}t(t-1)\qquad\text{（根据向前差分与向后差分的关系）}$$

$$=0.5646-0.0852\cdot t-0.0024\cdot t(t-1),$$

故

$$\sin 0.5789\approx N_2(0.5789)$$

$$=0.5646-0.0852\times 0.211-0.0024\times 0.211\times(0.211-1)$$

$$=0.5470$$

由(2-38)式得误差

$$R_2(x)=\frac{\cos\xi}{6}t(t-1)(t-2)\times 10^{-3}\quad(0.4<\xi<0.6)$$

$$|R_2(0.5789)|\leqslant\frac{1}{6}\times|0.211\times(0.211-1)(0.211-2)|\times 10^{-3}$$

$$=0.496\times 10^{-4}$$

例 2.6 已知等距节点及相应点上的函数值如下：

i	0	1	2	3
x_i	0.4	0.6	0.8	1.0
y_i	1.5	1.8	2.2	2.8

试求 $N_3(0.5)$ 及 $N_3(0.9)$ 的值。

解 构造向前差分表。

i	x_i	y_i	Δy_i	$\Delta^2 y_1$	$\Delta^3 y_i$
0	0.4	1.5			
			0.3		
1	0.6	1.8		0.1	
			0.4		0.1
2	0.8	2.2		0.2	
			0.6		
3	1.0	2.8			

由于 $x=0.5$ 接近 $x_0=0.4$，所以求 $N_3(0.5)$ 考虑用牛顿前插公式(2-32)，$x_0=0.4, h=0.2$；当 $x=0.5$ 时，$t=\frac{x-x_0}{h}=\frac{0.5-0.4}{0.2}=0.5$。将差分表上部那些加下画线的数及 $t=0.5$ 代入公式(2-32)得

$$N_3(0.5)=1.5+0.5\times 0.3+\frac{0.5(-0.5)}{2}\times 0.1$$
$$+\frac{0.5(-0.5)(-1.5)}{6}\times 0.1=1.64375$$

由于 $x=0.9$ 接近 $x_3=1.0$，所以求 $N_3(0.9)$ 时考虑用牛顿后插公式(2-35)，$x=0.9$ 时，$t=\frac{x_3-x}{h}=\frac{1.0-0.9}{0.2}=0.5$。将差分表中下部那些加下画线的数及 $t=0.5$ 代入公式(2-36)，得

$$N_3(0.9)=2.8-0.5\times 0.6+\frac{1}{2}(0.5)(-0.5)(0.2)$$
$$-\frac{1}{6}(0.5)(-0.5)(-1.5)(0.1)$$
$$=2.46875$$

思考一下，例 2-5 可以用例 2-6 的方法计算吗？为什么？

2.5　分段低次插值

用插值多项式 $P_n(x)=a_0+a_1x+a_2x^2+\cdots+a_nx^n$ 近似被插值函数 $f(x)$ 时，总希望余项 $R_n(x)$ 的绝对值小一些。提高插值多项式的次数 n 是否能达到此目的呢？让我们先看下例。

例如对给定函数 $f(x)=\dfrac{1}{1+25x^2}$　在区间[$-1,1$]上取插值节点为

$$x_i=-1+\frac{2i}{n},\quad i=0,1,2,\cdots,n$$

建立插值公式

$$L_n(x)=\sum_{i=0}^{n}f(x_i)l_i(x) \tag{2-39}$$

取 $n=10$ 时，插值多项式 $L_{10}(x)$ 与被插值函数 $f(x)$ 的计算结果如表 2-3

表 2-3

x	$\dfrac{1}{1+25x^2}$	$L_{10}(x)$	x	$\dfrac{1}{1+25x^2}$	$L_{10}(x)$
−1.00	0.03846	0.03846	−0.46	0.15898	0.24145
−0.96	0.04160	1.80438	−0.40	0.20000	0.19999
−0.90	0.04706	1.57872	−0.36	0.23585	0.18878
−0.86	0.05131	0.88808	−0.30	0.30769	0.23538
−0.80	0.05882	0.05882	−0.26	0.37175	0.31650
−0.76	0.06477	−0.20130	−0.20	0.50000	0.50000
−0.70	0.07547	−0.22620	−0.16	0.60976	0.64316
−0.66	0.08410	−0.10832	−0.10	0.80000	0.84340
−0.60	0.10000	0.10000	−0.06	0.91743	0.94090
−0.56	0.11312	0.19873	0.00	1.0000	1.0000
−0.50	0.13793	0.25376			

$L_{10}(x)$ 与 $f(x)$ 的几何曲线如图 2-4 所示。图中虚线表示插值函数 $L_{10}(x)$ 的曲线，实线为 $f(x)$ 的曲线。

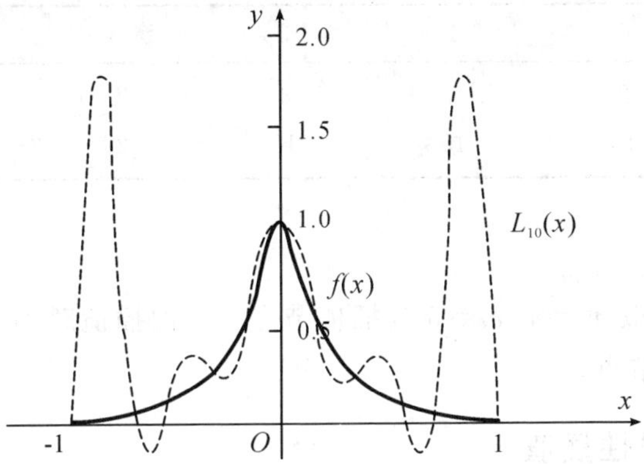

图 2-4

从图 2-4 中可以看出，在 $x=0$ 附近，$L_{10}(x)$ 对 $f(x)$ 有很好的逼近效果，离点 $x=0$ 越远，逼近效果就越差，而在 $x=-0.96$ 及 $x=0.96$ 附近，插值函数 $L_{10}(x)$ 对于被插值函数 $f(x)$ 的误差很大，产生了畸形现象，这种现象通常叫做**龙格(Runge)现象**。为什么会产生这种现象呢？现在来分析余项公式(2-7)。

首先来看 $f^{(n+1)}(\xi)$ 对余项的影响。许多函数的高阶导数的绝对值随着导数阶数的增加而迅速增加，因而 $|R_n(x)|$ 随之迅速增加。例如：$f(x)=\dfrac{1}{x}$，$f^{(n)}(x)=(-1)^n n!\ \dfrac{1}{x^{n+1}}$，对固定的 x，当 n 增加时，$|f^{(n)}(x)|$ 按 $n!$ 的速度增长，这种增长速度是非常迅速的。

其次是 $\omega_{n+1}(x)$ 对余项的影响。对固定的 x，互异节点中只有少数与 x 邻近的节点与它的差的绝对值较小。随着节点的增多，与其差的绝对值也会随之增大，也就是，n 很大时拉格朗日插值不稳定。所以为减少逼近误差使用高次插值是不可取的。在实际工作中，常用的是一次、二次、三次插值。

所谓分段低次插值，就是将插值区间分成几个小区间，在每个小区间上作低次插值，然后得到整个区间上的插值函数，即用分段低次插值代替整个区间上的高次插值。须注意，对于给定的插值点 x，只取与它邻近的插值节点及相应的函数值作低次多项式插值。为了使 $|\omega_{n+1}(x)|$ 尽可能小一些，插值节点的选取原则是，使 x 尽可能处于包含 x 和插值节点的最小闭区间的中部。例如给定函数表：

i	0	1	2	3	4	5
x_i	2	3	4	5	6	7
$y_i=f(x_i)$	10	15	18	22	20	16

求 $f(4.8)$的近似值。

线性插值应取 $x_2=4, x_3=5$ 为插值节点。二次插值时则需取 $x_2=4, x_3=5, x_4=6$ 作插值节点。

2.5.1　分段线性插值

从几何意义上说,分段线性插值就是将插值区间$[a,b]$分成若干个子区间,在每个子区间$[x_i, x_{i+1}]$上用直线近似代替其曲线 $y=f(x)$,如图2-5所示。在区间$[a,b]$上即用折线代替曲线 $y=f(x)$。记折线函数为 $I_h(x)$,其中 $h=\max h_j, h_j=x_{j+1}-x_j,\quad j=0,1,2,\cdots,n-1$。在子区间$[x_j, x_{j+1}]$上其表达式为

$$I_h(x)=\frac{x-x_{j+1}}{x_j-x_{j+1}}y_j+\frac{x-x_j}{x_{j+1}-x_j}y_{j+1},\quad x\in[x_j, x_{j+1}] \tag{2-40}$$

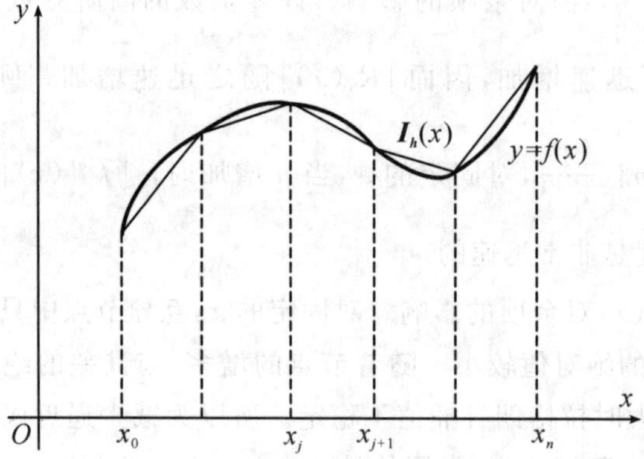

图 2-5

若用插值基函数来表示,则 $I_h(x)$在区间$[a,b]$上的折线函数可表示为

$$I_h(x)=\sum_{j=0}^{n}l_j(x)y_j \tag{2-41}$$

$l_j(x)$只在 x_j 附近不为零,在其他地方均为零,这种性质称为局部非零性质,其图形如图 2-6 所示。

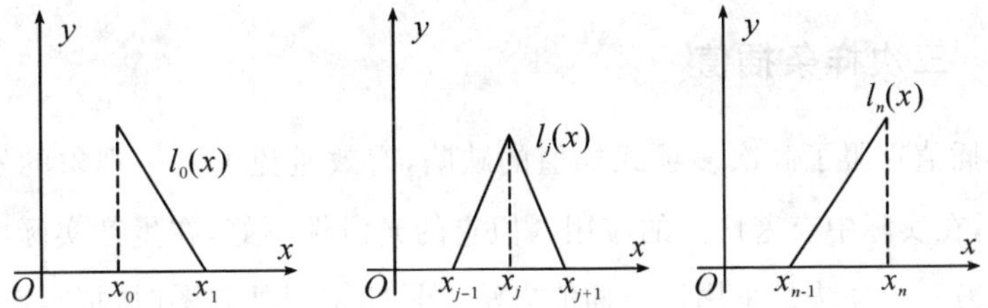

图 2-6

2.5.2 分段二次插值

分段二次插值是把区间$[a,b]$分成若干个子区间，在每个子区间$[x_{j-1},x_{j+1}]$$(j=1,2,\cdots,n-1)$上用抛物线来近似曲线$y=f(x)$。记分段二次插值函数为$S_h(x)$，它在$[x_{j-1},x_{j+1}]$上的表达式为

$$S_h(x)=\frac{(x-x_j)(x-x_{j+1})}{(x_{j-1}-x_j)(x_{j-1}-x_{j+1})}y_{j-1}+\frac{(x-x_{j-1})(x-x_{j+1})}{(x_j-x_{j-1})(x_j-x_{j+1})}y_j+\frac{(x-x_{j-1})(x-x_j)}{(x_{j+1}-x_{j-1})(x_{j+1}-x_j)}y_{j+1}\qquad x\in[x_{j-1},x_{j+1}]\tag{2-42}$$

在整个插值区间上，有

$$S_h(x)=\sum_{j=0}^{n}l_j(x)y_j\tag{2-43}$$

式中：$l_j(x)$的表达式比较复杂，这里不再列出。

$S_h(x)$的示意图如图 2-7 所示。

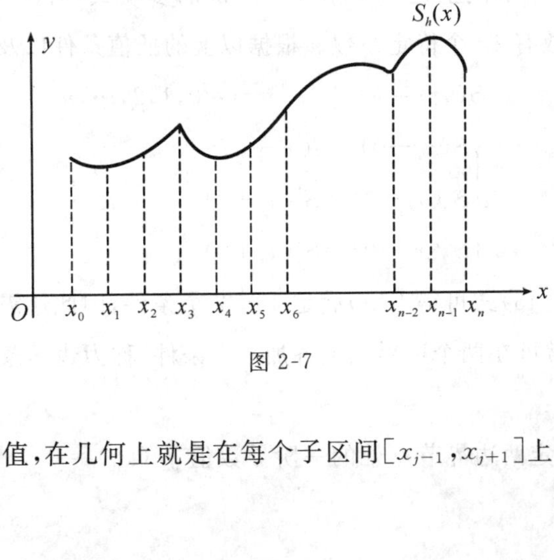

图 2-7

分段二次插值，在几何上就是在每个子区间$[x_{j-1},x_{j+1}]$上用抛物线代替曲

线 $f(x)$，故分段二次插值又称为分段抛物线插值。

2.5.3* 三次样条插值

分段插值克服了高次多项式插值的缺陷，有效避免了龙格现象的发生，并且算法简单，在实际中有着广泛的应用。但它的光滑性不好，在生产实际中，克服尖角问题的另一个办法是采用样条插值方法。早期工程师制图时，把富有弹性的细长木条(样条)用压铁固定在样点上，在其他地方让它自由弯曲，然后画下长木条的曲线，称为**样条曲线**。它实际上是由分段三次多项式曲线连接而成的，在连接点上有直到二阶连续导数。从数学上加以概括总结后即得到所谓的样条插值问题。

定义 2.4　对于给定区间 $[a,b]$ 的一个分划

$$\pi: a=x_0<x_1<\cdots<x_{n-1}<x_n=b$$

若函数 $S(x)$ 满足条件

(1) $S(x)$ 在每个子区间 $[x_{i-1},x_i]$ $(i=1,2,\cdots,n-1,n)$ 上是不高于三次的多项式。

(2) $S(x)$ 及其一阶、二阶导数在 $[a,b]$ 上连续，则称 $S(x)$ 是对应于分划 π 的三次多项式样条函数，$x_1,x_2,\cdots,x_{n-1}$ 称为**内节点**，x_0,x_n 称为**边界节点**。

(3) $S(x)$ 在节点 $x_i(i=0,1,2,\cdots,n)$ 上满足**插值条件**

$$S(x_i)=y_i,\quad i=0,1,2,\cdots,n$$

则称 $S(x)$ 为**三次样条插值函数**。

$S(x)$ 在每个子区间上是一个不高于三次的多项式，有四个待定系数，一共有 n 个子区间，故有 $4n$ 个待定系数。根据以上的插值条件以及在内节点上满足连续性条件，即

$$S(x_i)=y_i,\qquad i=0,1,2,\cdots,n \tag{2-44}$$

$$\begin{cases}S(x_i-0)=S(x_i+0)\\ S'(x_i-0)=S'(x_i+0)\quad i=1,2,\cdots,n-1\\ S''(x_i-0)=S''(x_i+0)\end{cases} \tag{2-45}$$

由(2-44)式和(2-45)式可得 $S(x)$ 满足 $4n-2$ 个条件，因此还需要两个条件才能确定 $S(x)$。通常可在两个边界点上各加一个条件，称为**边界条件**。常见的边界条件有以下两种：

第一种是给定两边界节点处的一阶导数值 $f'(x_0)=y'_0$，　$f'(x_n)=y'_n$，并

要求 $S(x)$ 满足

$$S'(x_0)=y'_0,\quad S'(x_n)=y'_n \tag{2-46}$$

第二种是给定两边界节点处的二阶导数值 $f''(x_0)=y''_0$，　$f''(x_n)=y''_n$，并要求 $S(x)$ 满足

$$S''(x_0)=y''_0,\quad S''(x_n)=y''_n \tag{2-47}$$

特别地，当 $y''_0=y''_n=0$ 时称此边界条件为**自然边界条件**。相应的 $S(x)$ 称为**自然样条函数**。

三次样条插值函数 $S(x)$ 可以有多种表示方法，这里只介绍其中常用的一种，它称为**三弯矩法**。

我们讨论 $S(x)$ 的系数是用节点处的二阶导数值 $S''(x_i)=M_i(i=0,1,2,\cdots,n)$ 表示的样条函数（M_i 为待定系数）。M_i 在力学上解释为细梁在截面 x_i 处的弯矩，并且得到的弯矩只与相邻两个弯矩有关，所以称作三弯矩法。

设在子区间 $[x_{i-1},x_i]$ 上 $S(x)=S_i(x)(i=1,2,\cdots,n)$，由定义条件(3)有

$$S_i(x_{i-1})=y_{i-1}\quad S_i(x_i)=y_i$$

由于 $S_i(x)$ 在子区间 $[x_{i-1},x_i]$ 上是三次多项式，所以 $S''_i(x)$ 在 $[x_{i-1},x_i]$ 上是线性函数，且过 (x_{i-1},M_{i-1}) 和 (x_i,M_i) 两点，因此在子区间 $[x_{i-1},x_i]$ 上可表示为

$$S''_i(x)=\frac{x_i-x}{h_i}M_{i-1}+\frac{x-x_{i-1}}{h_i}M_i,\quad x_{i-1}\leqslant x\leqslant x_i \tag{2-48}$$

式中：$h_i=x_i-x_{i-1}$。将(2-48)式积分两次，利用插值条件 $S(x_{i-1})=y_{i-1}$，$S(x_i)=y_i$，定出积分常数后得

$$S_i(x)=\frac{(x_i-x)^3}{6h_i}M_{i-1}+\frac{(x-x_{i-1})^3}{6h_i}M_i+\left(\frac{y_{i-1}}{h_i}-\frac{h_i}{6}M_{i-1}\right)(x_i-x)+$$
$$\left(\frac{y_i}{h_i}-\frac{h_i}{6}M_i\right)(x-x_{i-1}),\quad x_{i-1}\leqslant x\leqslant x_i,\quad i=1,2,\cdots,n \tag{2-49}$$

只要求出 $M_i(i=0,1,\cdots,n)$ 这 $n+1$ 个待定常数，代入(2-49)，就得到 $S(x)$ 在子区间 $[x_{i-1},x_i]$ 上的表达式 $S_i(x)$，从而就得出了 $f(x)$ 在整个区间 $[a,b]$ 上的三次样条函数 $S(x)$。为此对 $S_i(x)$ 求导，

$$S'_i(x)=-\frac{(x_i-x)^2}{2h_i}M_{i-1}+\frac{(x-x_{i-1})^2}{2h_i}M_i+\frac{y_i-y_{i-1}}{h_i}-\frac{h_i}{6}(M_i-M_{i-1}),$$

$$x_{i-1}\leqslant x\leqslant x_i,\quad i=1,2,\cdots,n$$

由此可得

$$S'_i(x_i^-)=\frac{h_i}{6}M_{i-1}+\frac{h_i}{3}M_i+\frac{y_i-y_{i-1}}{h_i}$$

$$S'_i(x_i^+)=-\frac{h_{i+1}}{3}M_i-\frac{h_{i+1}}{6}M_{i+1}+\frac{y_{i+1}-y_i}{h_{i+1}}$$

由连续性条件有

$$S'_i(x_i^-)=S'_i(x_i^+),\quad i=1,2,\cdots,n-1$$

这样就得到了 $n-1$ 个方程

$$\gamma_i M_{i-1}+2M_i+\alpha_i M_{i+1}=\beta_i,\quad i=1,2,\cdots,n-1 \tag{2-50}$$

式中：

$$\begin{cases}\alpha_i=\dfrac{h_{i+1}}{h_i+h_{i+1}},\quad \gamma_i=\dfrac{h_i}{h_i+h_{i+1}}=1-\alpha_i,\\[2ex] \beta_i=\dfrac{6}{h_i+h_{i+1}}\left(\dfrac{y_{i+1}-y_i}{h_{i+1}}-\dfrac{y_i-y_{i-1}}{h_i}\right)=\dfrac{6}{h_i+h_{i+1}}(f[x_i,x_{i+1}]-f[x_{i-1},x_i])\\[2ex] \quad=6f[x_{i-1},x_i,x_{i+1}],\quad i=1,2,\cdots,n-1\end{cases} \tag{2-51}$$

(2-50)式是关于未知数 $M_0,M_1,\cdots,M_n$ 的线性方程组，也称为**三弯矩方程组**，要唯一确定这 $n+1$ 个未知数还需增加两个方程，这就需要用到边界条件。

对于第一种边界条件：$S'(x_0)=y'_0$，$S'(x_n)=y'_n$，由

$$S'_1(x_0)=\frac{y_1-y_0}{h_1}-\frac{h_1}{6}(M_1+2M_0)=y'_0$$

$$S'_n(x_n)=\frac{y_n-y_{n-1}}{h_n}+\frac{h_n}{6}(M_{n-1}+2M_n)=y'_n$$

整理可得以下两个方程

$$\begin{cases}2M_0+\alpha_0M_1=\beta_0\\ \gamma_nM_{n-1}+2M_n=\beta_n\end{cases} \tag{2-52}$$

式中：$\alpha_0=1$，　$\gamma_n=1$，　$\beta_0=\dfrac{6}{h_1}\left(\dfrac{y_1-y_0}{h_1}-y'_0\right)$，$\beta_n=\dfrac{6}{h_n}\left(y'_n-\dfrac{y_n-y_{n-1}}{h_n}\right)$　(2-53)

由(2-50)，(2-52)构成关于未知量 $M_0,M_1,\cdots,M_n$ 的方程组写成矩阵形式为

$$\begin{bmatrix} 2 & \alpha_0 & & & \\ \gamma_1 & 2 & \alpha_1 & & \\ & \ddots & \ddots & \ddots & \\ & & \gamma_{n-1} & 2 & \alpha_{n-1} \\ & & & \gamma_n & 2 \end{bmatrix} \begin{bmatrix} M_0 \\ M_1 \\ \vdots \\ M_{n-1} \\ M_n \end{bmatrix} = \begin{bmatrix} \beta_0 \\ \beta_1 \\ \vdots \\ \beta_{n-1} \\ \beta_n \end{bmatrix} \tag{2-54}$$

对于第二种边界条件：$S''_1(x_0)=y''_0=M_0$，$S''_n(x_n)=y''_n=M_n$。由 $S''_i(x)$得出 $S''_1(x_0)$和 $S''_n(x_n)$的表达式，代入第二种边界条件，整理可得在形式上与(2-52)式相同的两个方程，但这里的系数 α_0，γ_n，β_0，β_n 与(2-52)式是不一样的。而是 $\alpha_0=0$，$\gamma_n=0$，$\beta_0=2y''_0$，$\beta_n=2y''_n$。故得到关于 $M_0,M_1,\cdots,M_n$ 的线性方程组的矩阵形式仍为(2-54)式。

线性方程组(2-54)是一个三对角线性方程组，其系数矩阵是严格对角占优阵，故存在唯一解。将求得的 $M_0,M_1,\cdots,M_n$ 代入(2-49)式，得样条函数在各子区间上的表达式，即 $S(x)=\begin{cases} S_1(x) & x\in[x_0,x_1] \\ S_2(x) & x\in[x_1,x_2] \\ \vdots & \vdots \\ S_n(x) & x\in[x_{n-1},x_n] \end{cases}$

例 2.7 用三弯矩法求函数 $f(x)=\sqrt{x}$ 关于点 $x_0=5,x_1=7,x_2=9,x_3=10$ 的三次样条插值多项式 $S(x)$，且满足第一种边界条件。并计算 $f(6)$的近似值。

i	0	1	2	3
x_i	5	7	9	10
y_i	2.2361	2.6458	3.0000	3.1623

解 由于

$$S'(5)=y'_0=0.2236, \quad S'(10)=y'_{10}=0.1581$$

根据(2-51)式，计算得

$$h_1=2,\quad h_2=2,\quad h_3=1,\quad \gamma_1=\alpha_1=0.5,\quad \alpha_2=\frac{1}{3},\quad \gamma_2=\frac{2}{3}$$

$$\beta_1=6f[x_0,x_1,x_2]=-0.0414,\quad \beta_2=6f[x_1,x_2,x_3]=-0.0294$$

在第二种边界条件下，根据(2-53)式计算出

$$\beta_0=\frac{6}{h_1}(f[x_0,x_1]-y_0')=-0.0563$$

$$\beta_3=\frac{6}{h_3}(y_3'-f[x_2,x_3])=-0.0252$$

并且有 $\alpha_0=1,\gamma_n=1$

由(2-54)式写出确定 M_i 的线性方程组的矩阵形式

$$\begin{pmatrix} 2 & 1 & 0 & 0 \\ 0.5 & 2 & 0.5 & 0 \\ 0 & 0.6667 & 2 & 0.3333 \\ 0 & 0 & 1 & 2 \end{pmatrix}\begin{pmatrix} M_0 \\ M_1 \\ M_2 \\ M_3 \end{pmatrix}=\begin{pmatrix} -0.0563 \\ -0.0414 \\ -0.0294 \\ -0.0252 \end{pmatrix}$$

求出二阶导函数 $S''(x)$在各节点 x_i 上的值 M_i 分别为

$$M_0=-0.0218,\quad M_1=-0.0128$$

$$M_2=-0.0091,\quad M_3=-0.0081$$

将它们对应代入(2-49)式，整理得到所求三次样条插值函数为

$$S(x)=\begin{cases} 0.0018(x-7)^3-0.0011(x-5)^3-1.1253(x-7)+1.327(x-5) \\ (5\leqslant x\leqslant 7) \\ 0.0011(x-9)^3-0.00076(x-7)^3-1.3272(x-9)+1.5030(x-7) \\ (7\leqslant x\leqslant 9) \\ 0.0015(x-10)^3-0.00135(x-9)^3-3.0015(x-10)+3.16365(x-9) \\ (9\leqslant x\leqslant 10) \end{cases}$$

所以 $f(6)\approx S(6)=2.4494$，具有 5 位有效数字。

2.6　曲线拟合的最小二乘法

由实验得到的数据一般都带有测量误差。像插值多项式那样严格要求，所求曲线通过每一个观察点的做法，并不能反映真实的函数关系。曲线拟合的最小二乘法总的说来也是用较简单的函数去逼近一组已知数据(x_i,y_i)，但它不要求该函数的图形通过每一个已知点，而要求误差的平方和为最小。

定义 2.5　给定数据(x_i,y_i)，$i=0,1,\cdots,m$，设拟合曲线为 $S(x)$，要求

$$R=\sum_{i=0}^{m}[S(x_i)-y_i]^2=\min(\text{最小}) \tag{2-55}$$

这样求函数 $S(x)$的方法称为曲线拟合的最小二乘法,简称最小二乘法。该曲线的方程通常称为经验公式或者拟合函数。

其几何解释是:求一条曲线,使数据点均在离此曲线上方或下方不远处,如图 2-8 所示。

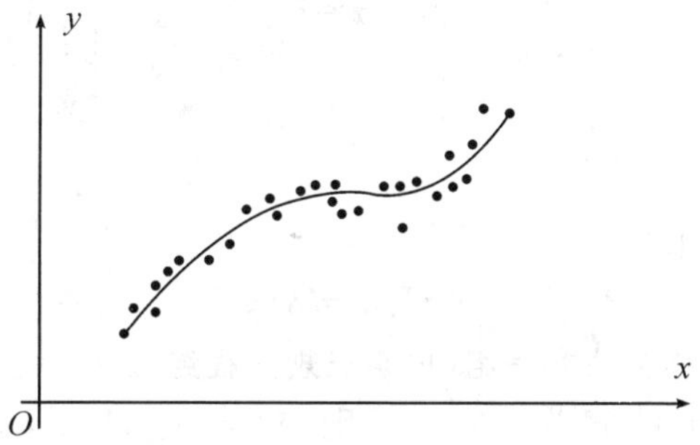

图 2-8

对一组已知数据$(x_i,y_i),i=0,1,2,\cdots,m$,用一条直线作拟合无疑是最简便的。记直线方程为

$$\overline{y}=a_0+a_1x$$

要使数据点尽量靠近直线就必须利用(2-55)式来确定 a_0 和 a_1。这时可以将 R 看作 a_0,a_1 的二元函数,即

$$R(a_0,a_1)=\sum_{i=0}^{m}(\overline{y}_i-y_i)^2=\sum_{i=0}^{m}(a_0+a_1x_i-y_i)^2$$

由二元函数取极值的必要条件:$\dfrac{\partial R}{\partial a_0}=0,\ \dfrac{\partial R}{\partial a_1}=0$ 得

$$\begin{cases}(m+1)a_0+\left(\sum\limits_{i=0}^{m}x_i\right)a_1=\sum\limits_{i=0}^{m}y_i\\ \left(\sum\limits_{i=0}^{m}x_i\right)a_0+\left(\sum\limits_{i=0}^{m}x_i^2\right)a_1=\sum\limits_{i=0}^{m}x_iy_i\end{cases} \tag{2-56}$$

这是关于 a_0,a_1 的二元一次方程组,其矩阵形式为

$$\begin{bmatrix}1 & 1 & \cdots & 1\\ x_0 & x_1 & \cdots & x_m\end{bmatrix}\begin{bmatrix}1 & x_0\\ 1 & x_1\\ \vdots & \vdots\\ 1 & x_m\end{bmatrix}\begin{bmatrix}a_0\\ a_1\end{bmatrix}$$

$$=\begin{bmatrix}1 & 1 & \cdots & 1\\ x_0 & x_1 & \cdots & x_m\end{bmatrix}\begin{bmatrix}y_0\\ y_1\\ \vdots\\ y_m\end{bmatrix} \tag{2-57}$$

若令

$$\boldsymbol{A}=\begin{bmatrix}1 & x_0\\ 1 & x_1\\ \vdots & \vdots\\ 1 & x_m\end{bmatrix},\quad \boldsymbol{\alpha}=\begin{bmatrix}a_0\\ a_1\end{bmatrix},\quad \boldsymbol{y}=\begin{bmatrix}y_0\\ y_1\\ \vdots\\ y_m\end{bmatrix} \tag{2-58}$$

则(2-57)式可简单地表示为

$$\boldsymbol{A}^{\mathrm{T}}\boldsymbol{A}\boldsymbol{\alpha}=\boldsymbol{A}^{\mathrm{T}}\boldsymbol{y} \tag{2-59}$$

方程组(2-59)通常称为**法方程组**(也叫**正规方程组**)。

设此法方程组的解为 a_0^*，a_1^*，则 $\overline{y}(x)=a_0^*+a_1^*x$ 称为已知数据 $\{(x_i,y_i)\}_{i=0}^{m}$ 的**经验直线**，并称

$$\sigma=\sqrt{\sum_{i=0}^{m}(a_0^*+a_1^*x_i-y_i)^2} \tag{2-60}$$

为其**均方误差**。

例 2.8　已知一组实验数据如下，试用最小二乘法求其经验直线 $\overline{y}=a_0+a_1x$ 及其均方误差。

i	0	1	2	3	4
x_i	1	2	3	4	5
y_i	4	4.5	6	8	8.5

解　利用(2-58)写出

$$\boldsymbol{A}=\begin{pmatrix}1 & 1\\ 1 & 2\\ 1 & 3\\ 1 & 4\\ 1 & 5\end{pmatrix},\quad \boldsymbol{y}=\begin{pmatrix}4\\ 4.5\\ 6\\ 8\\ 8.5\end{pmatrix}$$

代入法方程组(2-59)有

$$\begin{pmatrix}1&1&1&1&1\\1&2&3&4&5\end{pmatrix}\begin{pmatrix}1&1\\1&2\\1&3\\1&4\\1&5\end{pmatrix}\begin{pmatrix}a_0\\a_1\end{pmatrix}=\begin{pmatrix}1&1&1&1&1\\1&2&3&4&5\end{pmatrix}\begin{pmatrix}4\\4.5\\6\\8\\8.5\end{pmatrix}$$

即

$$\begin{pmatrix}5&15\\15&55\end{pmatrix}\begin{pmatrix}a_0\\a_1\end{pmatrix}=\begin{pmatrix}31\\105.5\end{pmatrix}$$

解此方程组得

$$a_0=2.45,\quad a_1=1.25$$

得经验直线公式

$$\overline{y}=2.45+1.25x$$

其均方误差为

$$\begin{aligned}\sigma &= \sqrt{\sum_{i=0}^{4}(2.45+1.25x_i-y_i)^2}\\ &=\sqrt{0.6975}\approx 0.835\end{aligned}$$

将以上数据和经验直线用坐标纸画下来就如图 2-9 所示。可以看到数据点比较接近地分布在经验直线的两侧,对这一组实验数据用直线作最小二乘拟合是可行的。

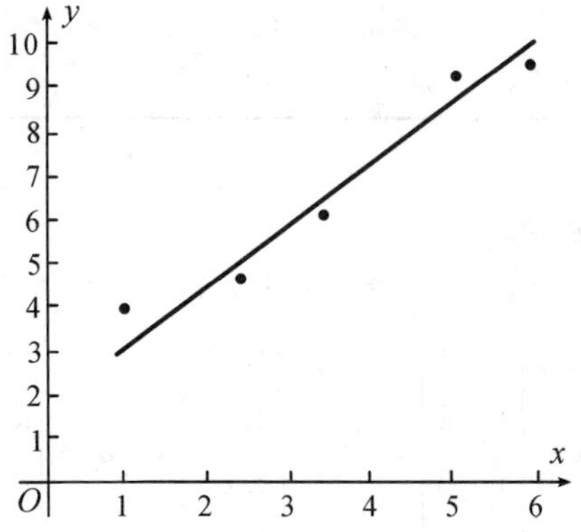

图 2-9

有些实验数据在坐标纸上描出的点集虽不呈直线趋势,但通过某种变换以后就可以化为直线拟合的情况。这里主要介绍以下四种情形。

(1)对数型：$S(t)=a_0+a_1\ln t$

(2)指数型：$S(t)=ae^{bt}$

(3)幂函数型：$S(t)=at^{\beta}$

(4)双曲型：$S(t)=\dfrac{t}{at+b}$

例如对于指数型，两边取对数得

$$\ln S(t)=\ln a+bt$$

这是关于 t 的一个线性函数。换句话说，当把已知点的函数值取对数后描出的点就是呈直线趋势了，具体做法见下例。

例 2.9　求一形如 $S(x)=ae^{bx}$ 的经验公式，使它和以下已给数据相拟合。

i	0	1	2	3
x_i	1	2	3	4
y_i	7	11	17	27

解　因为所求经验公式是属于指数型的，所以可以通过对数变换将它化为直线拟合的情形。为此需将数据表的函数值变成其对数值，即

i	0	1	2	3
x_i	1	2	3	4
$\ln y_i$	1.95	2.40	2.83	3.30

对这组新的数据取经验公式

$$\bar{y}=a_0+a_1x$$

$$\boldsymbol{A}=\begin{pmatrix}1&1\\1&2\\1&3\\1&4\end{pmatrix},\quad \boldsymbol{y}=\begin{pmatrix}1.95\\2.40\\2.83\\3.30\end{pmatrix},\quad \boldsymbol{\alpha}=\begin{pmatrix}a_0\\a_1\end{pmatrix}$$

代入(2-59)式得其法方程组为

$$\begin{pmatrix}4&10\\10&30\end{pmatrix}\begin{pmatrix}a_0\\a_1\end{pmatrix}=\begin{pmatrix}10.48\\28.44\end{pmatrix}$$

解此方程组得 $a_0 \approx 1.5$， $a_1 \approx 0.45$， $a = e^{a_0} \approx 4.48$。求得经验公式

$$S(x) = 4.48e^{0.45x}$$

幂函数的做法是类似的，也是两边取对数的方法。

$$\ln S(t) = \ln a + \beta \ln t$$

这里对原始数据中的自变量 t 和因变量 $S(t)$ 均需作对数变换。双曲型则可用两边取倒数的方法将其化为直线型拟合。即

$$\frac{1}{S(t)} = a + b\frac{1}{t}$$

采用何种类型的经验公式为好，要视实验数据的分布情况而定。一般先用描点法将数据在坐标纸上标出，观察其趋势与哪种类型的函数相接近，然后决定经验公式的类型。

实际运用中有时需要用高次多项式拟合曲线，以达到更好的效果。设 n 次拟合多项式为

$$P_n(x) = a_0 + a_1 x + a_2 x^2 + \cdots + a_n x^n$$

则有

$$R = \sum_{i=0}^{m} [P_n(x_i) - y_i]^2 = \min$$

这时可以将 R 看成是 $a_0, a_1, \cdots, a_n$ 的多元函数($n \leqslant m$)。

$$R(a_0, a_1, \cdots, a_n) = \sum_{i=0}^{m} [a_0 + a_1 x_1 + a_2 x_2^2 + \cdots + a_n x_n^n - y_i]^2$$

同样利用多元函数取极值的必要条件

$$\frac{\partial R}{\partial a_i} = 0, \quad i = 0, 1, 2, \cdots, n$$

求得对应的正规方程组

$$\begin{cases} a_0(m+1) + a_1 \sum\limits_{i=0}^{m} x_i + a_2 \sum\limits_{i=0}^{m} x_i^2 + \cdots + a_n \sum\limits_{i=0}^{m} x_i^n = \sum\limits_{i=0}^{m} y_i \\ a_0 \sum\limits_{i=0}^{m} x_i + a_1 \sum\limits_{i=0}^{m} x_i^2 + a_2 \sum\limits_{i=0}^{m} x_i^3 + \cdots + a_n \sum\limits_{i=0}^{m} x_i^{n+1} = \sum\limits_{i=0}^{m} x_i y_i \\ \vdots \qquad \vdots \qquad \vdots \qquad \vdots \qquad \vdots \\ a_0 \sum\limits_{i=0}^{m} x_i^n + a_1 \sum\limits_{i=0}^{m} x_i^{n+1} + a_2 \sum\limits_{i=0}^{m} x_i^{n+2} + \cdots + a_n \sum\limits_{i=0}^{m} x_i^{2n} = \sum\limits_{i=0}^{m} x_i^n y_i \end{cases} \tag{2-61}$$

定义矩阵

$$A=\begin{pmatrix}1 & x_0 & x_0^2 & \cdots & x_0^n \\ 1 & x_1 & x_1^2 & \cdots & x_1^n \\ \vdots & \vdots & \vdots & & \vdots \\ 1 & x_m & x_m^2 & \cdots & x_m^n\end{pmatrix}$$

则以上正规方程组的矩阵形式仍为

$$\boldsymbol{A}^{\mathrm{T}}\boldsymbol{A}\boldsymbol{\alpha}=\boldsymbol{A}^{\mathrm{T}}\boldsymbol{y}$$

式中：$\boldsymbol{\alpha}=(a_0,a_1,\cdots,a_n)^{\mathrm{T}}$，　$\boldsymbol{y}=(y_0,y_1,y_2,\cdots,y_m)^{\mathrm{T}}$

例 2.10　求一拟合曲线，使它较好地近似以下数据：

i	0	1	2	3	4	5	6	7	8
x_i	1	3	4	5	6	7	8	9	10
y_i	10	5	4	2	1	1	2	3	4

解　本题中没有指明具体的拟合类型，这时就需要通过描点观察其分布趋势，然后决定拟合曲线类型。一般步骤为：

(1)描草图：由图 2-10 可以看出，这些点的分布趋势近似于一条抛物线；

(2)选定拟合曲线方程：由草图可知本例应选抛物线方程

$$\overline{y}=a_0+a_1x+a_2x^2$$

(3)建立法方程组：

$$\boldsymbol{A}=\begin{pmatrix}1 & 1 & 1^2 \\ 1 & 3 & 3^2 \\ 1 & 4 & 4^2 \\ 1 & 5 & 5^2 \\ 1 & 6 & 6^2 \\ 1 & 7 & 7^2 \\ 1 & 8 & 8^2 \\ 1 & 9 & 9^2 \\ 1 & 10 & 10^2\end{pmatrix},\quad \boldsymbol{y}=\begin{bmatrix}10 \\ 5 \\ 4 \\ 2 \\ 1 \\ 1 \\ 2 \\ 3 \\ 4\end{bmatrix}$$

$$\mathbf{A}^{\mathrm{T}}\mathbf{A}=\begin{pmatrix}9 & 53 & 381\\ 53 & 381 & 3017\\ 381 & 3017 & 25317\end{pmatrix},\quad \mathbf{A}^{\mathrm{T}}\boldsymbol{y}=\begin{pmatrix}32\\ 147\\ 1025\end{pmatrix}\quad \boldsymbol{\alpha}=\begin{pmatrix}a_1\\ a_2\\ a_3\end{pmatrix}$$

法方程组 $\mathbf{A}^{\mathrm{T}}\mathbf{A}\boldsymbol{\alpha}=\mathbf{A}^{\mathrm{T}}\boldsymbol{y}$ 为

$$\begin{cases}9a_0+53a_1+381a_2=32\\ 53a_0+381a_1+3017a_2=147\\ 381a_0+3017a_1+25317a_2=1025\end{cases}$$

(4)解法方程组:解得

$$a_0\approx 13.46$$

$$a_1\approx -3.61$$

$$a_2\approx 0.27$$

(5)将 a_0,a_1,a_2 代入抛物线方程。得

$$\overline{y}=13.46+3.61x+0.27x^2$$

从而画出拟合曲线如图 2-10 所示。

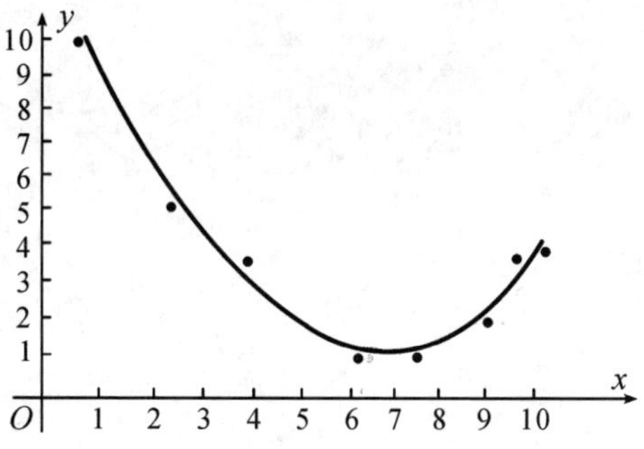

图 2-10

最后得拟合曲线

$$\overline{y}=13.46-3.61x+0.27x^2$$

2.7 MATLAB 程序与算例

1. 牛顿(Newton)插值多项式的 MATLAB 程序

```
function yi=newtonint(x,y,xi)
% Newton 插值,x 为插值节点向量,按行输入
% y 为插值节点函数值向量,按行输入
% xi 为标量,自变量
m=length(x);n=length(y);
if m~=n error('向量 x 与 y 的长度必须一致');end
% 计算并显示差商表
k=2;f(1)=y(1)
while k~=n+1
    f(1)=y(k);k,x(k)
    for i=1:k-1
      if i~=k-1
        f(i+1)=(f(i)-y(i))/(x(k)-x(i));
      end
    end
    cs(i)=f(i+1);
    y(k)=f(k);
    k=k+1;
end
% 计算 Newton 插值
cfwh=0;
for i=1:n-2
    w=1;
    for j=1: i
        w=w * (xi-x(j));
    end
    cfwh=cfwh+cs(i) * w;
end
yi=y(1)+cfwh;
```

例 2.11 已知函数 $f(x)=\text{sh}x$ 的函数值如表 2-4 所示，构造 4 次牛顿插值多项式并计算 $f(0.596)=\text{sh}0.596$ 的值。

表 2-4

k	0	1	2	3	4	5
x_k	0.40	0.55	0.65	0.80	0.90	1.05
$f(x_k)$	0.41075	0.57815	0.69675	0.88811	1.02652	1.25386

解 在 MATLAB 命令窗口键入(计算结果见表 2-5)

```
>> x=[0.40 0.55 0.65 0.80 0.90 1.05];
>> y=[0.41075 0.57815 0.69675 0.88811 1.02652 1.25386];
>> xi=0.596;
>> ni=newtonint(x,y,xi)
```

结果显示：

$$N_4(x)=0.4108+1.116(x-0.4)+0.2800(x-0.4)(x-0.55)$$
$$+0.1973(x-0.4)(x-0.55)(x-0.65)$$
$$+0.0312(x-0.4)(x-0.55)(x-0.65)(x-0.8),$$

$$\text{sh}0.596=N_4(0.596)\approx 0.6319$$

表 2-5 **计算结果**

k	x_k	$f[x_k]$	$f[x_{0k}]$	$f[x_{01k}]$	$f[x_{012k}]$	$f[x_{0123k}]$	$f[x_{01234k}]$
0	0.4000	0.4108					
1	0.5500	0.5782	1.1160				
2	0.6500	0.6967	1.1440	0.2800			
3	0.8000	0.8881	1.1934	0.3096	0.1973		
4	0.9000	1.0265	1.2315	0.3301	0.2005	0.0312	
5	1.0500	1.2539	1.2971	0.3622	0.2055	0.0325	0.0085

2. 曲线拟合最小二乘法的 MATLAB 程序

```
%mafit.m
function p=mafit(x,y,m)
% 多项式拟合
```

```
% p=mafit(x,y,m) x,y 为数据向量,m 为拟合
% 多项式次数,p 返回多项式系数降幂排列
format short;
A=zeros(m+1,m+1);
for i=0:m
    for j=0:m
        A(i+1,j+1)=sum(x.^(i+j));
    end
    b(i+1)=sum(x.^i.*y));
end
a=A/b';
p=fliplr(a');%按降幂排列
```

例 2.12　已知下列一组实验数据,求它的拟合曲线

$$f(x)=a_0+a_1x+a_2x^2+a_3x^3$$

i	1	2	3	4	5
x_i	−2	−1	0	1	2
y_i	−1	−1	0	1	1

解　在 MATLAB 命令窗口执行

>> x=[−2 −1 0 1 2]; y=[−1 −1 0 1 1]

>> p=mafit(x,y,3)

结果显示

p=

−0.1667　0　1.1667　0

它的拟合曲线为

$f(x)=1.1667x-0.1667x^3$

小　结

插值理论是一个古老而实用的课题,历史上曾被用来解决了如航海和天文学等学科中的不少重要问题。它也是数值微分、数值积分、函数逼近以及微分方程数值解等数值计算的基础。由于多项式具有形式简单,计算方便等许多优点,所以本章主要介绍多项式插值。

拉格朗日插值多项式的优点是构造容易，形式对称，便于记忆；它的缺点是如果要想增加插值节点，公式必须整个改变，这就增加了计算工作量。牛顿插值多项式对此作了改进，当增加一个节点时只需在原牛顿插值多项式基础上增加一项，而原有的项无需改变。在等距节点条件下，利用差分型的牛顿前插或后插公式可以简化计算。

由于所谓的龙格现象，高次插值多项式很少被实际采用。广泛采用的是分段低次插值多项式。三次样条就是分段三次插值多项式，它具有良好的性质并得到广泛的应用，本章只作了三弯矩法的介绍。

曲线拟合的最小二乘法是计算机数据处理的重要内容，也是函数逼近的重要方法之一。在工程技术中有广泛的应用。本章介绍了用最小二乘法求经验直线的方法，以及可以化为直线拟合的几种情况。对实际问题而言，拟合曲线的选型是一个极其重要而又比较困难的问题，必要时可选取几种不同类型的拟合曲线，经实践检验后再决定最后的取舍。

习　题　2

1. 当 $x=1,-1,2$ 时相应的函数值分别为 $0,-3,4$。试求该函数的二次插值多项式。

2. 已知函数 $y=f(x)$ 的观察值如下表，试求其拉格朗日插值多项式。

i	0	1	2	3
x_i	0	1	2	3
y_i	2	3	0	-1

3. 用下表数据，由拉格朗日插值公式求出点 $x=102$ 的函数值。

x_i	93.0	96.0	100.0	104.2	108.7	108.7
y_i	11.38	12.80	14.70	17.07	19.91	19.91

4. 设 $x_i(i=0,1,2,\cdots,n)$ 为互异节点，试证明拉格朗日插值基函数 $l_i(x)$ 具有以下性质：

(1) $\sum_{i=0}^{n} l_i(x) \equiv 1$；

(2) $\sum_{i=0}^{n} x_i^k l_i(x) = x^k,\ k=0,1,2,\cdots,n$。

5. 已知函数 $y=f(x)$ 由以下数表给出，试用差商表作出四阶牛顿插值多项式，并利用此牛顿插值多项式求出 $f(2.4)$ 的近似值。

x_i	0	1	2	3	4	5
y_i	−5	−2	15	58	139	270

6. 已知数据表

x_i	0	1	2	3
y_i	1	2	17	64

试分别作出三次牛顿前插和牛顿后插公式并分别计算 $x=0.5$ 及 $x=2.5$ 时函数的近似值。

7. 用以下数据构造三次拉格朗日多项式，求出 $\sqrt{1.12}$ 的近似值，并估计误差。

x	1.05	1.10	1.15	1.20
$y=\sqrt{x}$	1.02470	1.04881	1.07238	1.09544

8. 设函数 $f(x)=e^x$，在若干点上的函数值如下表

x	0.0	0.5	1.0	2.0
$f(x)$	1.00000	1.64872	2.71828	7.38906

试作以下计算：

(1)以 $x_0=0, x_1=0.5$ 作线性插值，求 $f(0.25)$ 的近似值。

(2)以 $x_0=0, x_1=1$ 及 $x_2=2$ 作二次插值，求 $f(0.25)$ 的近似值。

(3)将以上近似值与精确值作比较，哪个误差小一些？为什么？

9. 已知 $y=e^{-x}$ 的函数表

x_i	0.10	0.15	0.25	0.30
y_i	0.904837	0.860708	0.778800	0.740818

试用牛顿插值公式计算 $x=0.2$ 处的近似值，并估计误差。

10. 给出函数 $y=\sqrt{x}$ 由 $x=1.00$ 到 1.20 的值($h=0.05$)

x_i	1.00	1.05	1.10	1.15	1.20
y_i	1.00000	1.02470	1.04881	1.07238	1.09544

分别用 3 次牛顿前插和牛顿后插公式计算 $x=1.01$ 和 $x=1.19$ 的近似值，并估计误差。

11. 试求出等距节点情况下的拉格朗日插值公式及其余项表达式。

12. 已知测量数据

x_i	2	4	6	8
y_i	2	11	28	40

试用最小二乘法求经验直线公式。

13. 给定数据

x_i	1.00	1.25	1.50	1.75	2.00
y_i	5.10	5.79	6.53	7.45	8.46

求形如 $y=ae^{bx}$ 的最小二乘拟合函数。

14. 给定函数表

x_i	4.0	4.2	4.5	4.7	5.1
y_i	102.56	113.18	130.11	142.05	167.53
x_i	5.5	5.9	6.3	6.8	7.1
y_i	195.14	224.87	256.73	299.50	326.72

分别求出形如 $a_0+a_1x+a_2x^2$ 和 ax^b 的最小二乘拟合公式。

15*. 已知数表为

i	0	1	2	3
x_i	0	1	2	3
y_i	0	2	3	16
y_i'	1			0

用三弯矩法求三次样条插值函数 $S(x)$。

16*. 用第二种边界条件计算本章例 2.7。

第3章 数值积分与数值微分

3.1 引 言

在高等数学中利用牛顿-莱布尼兹公式

$$\int_a^b f(x)\mathrm{d}x = F(b) - F(a)$$

解决函数 $f(x)$在$[a,b]$上的定积分问题是众所周知的。然而，在科学技术中常常会遇到这样的困难：

(1)被积函数 $f(x)$的原函数 $F(x)$不易求出或者不能用有限的形式表示，如被积函数为$\frac{\sin x}{x}$，e^{-x^2} 等等。有时，固然 $f(x)$的原函数 $F(x)$可以找到，但是其表达式异常复杂，这样也会导致 $F(a)$，$F(b)$不便计算。

(2)被积函数 $f(x)$是用数据表格给出，这样就无法得到 $f(x)$的原函数 $F(x)$的具体形式了。

这一章的内容便是围绕解决上述困难而展开的。所谓**数值积分**，就是用一个容易计算的近似积分来代替原有的定积分，这时，我们考虑用一个容易求积分的函数来近似代替原来的被积函数，使得原来的定积分转化成一个简单的近似形式，这就是数值积分，也叫做**近似积分**。

被积函数 $f(x)$的近似函数选取的类型不同，便可得到不同的数值积分公式。我们可以从不同角度出发通过各种途径来构造数值求积公式。这一章里主要介绍常用的一种方法，即利用插值多项式来构造数值求积公式。

3.1.1 插值型求积公式

从上一章知道，插值多项式 $L_n(x)$是函数 $f(x)$的一种近似表达式，而多项式很容易积分，因此常常利用插值多项式来构造数值求积公式。本章导出几种常用的数值积分公式，即牛顿-柯特斯公式、复化求积公式、龙贝格方法、高斯型求积公式。

设 $f(x)$在一组节点

$$a=x_0<x_1<\cdots<x_n=b$$

上的函数值 $f(x_j), j=0,1,\cdots,n$ 已知，作 $f(x)$的 n 次插值多项式 $L_n(x)$，并把它写成 n 阶拉格朗日插值多项式的形式，即

$$L_n(x)=\omega_{n+1}(x)\sum_{j=0}^{n}\frac{f(x_j)}{(x-x_j)\omega'_{n+1}(x_j)}$$

式中：

$$\omega_{n+1}(x)=(x-x_0)(x-x_1)\cdots(x-x_n)$$

于是有

$$f(x)=L_n(x)+R_n(x)$$

截断误差为

$$R_n(x)=\frac{f^{(n+1)}(\xi)}{(n+1)!}\omega_{n+1}(x),\quad \xi\in(a,b)\text{且与 }x\text{ 有关。}$$

这样，定积分中的被积函数 $f(x)$用其插值多项式 $L_n(x)$近似代替，则有

$$\begin{aligned}\int_a^b f(x)\mathrm{d}x &= \int_a^b [L_n(x)+R_n(x)]\mathrm{d}x \\ &= \int_a^b L_n(x)\mathrm{d}x + \int_a^b R_n(x)\mathrm{d}x \qquad (3\text{-}1)\end{aligned}$$

于是

$$\begin{aligned}\int_a^b f(x)\mathrm{d}x &\approx \int_a^b L_n(x)\mathrm{d}x \\ &= \int_a^b \omega_{n+1}(x)\sum_{j=0}^{n}\frac{f(x_j)}{(x-x_j)\omega'_{n+1}(x_j)}\mathrm{d}x \\ &= \sum_{j=0}^{n}\frac{f(x_j)}{\omega'_{n+1}(x_j)}\int_a^b\frac{\omega_{n+1}(x)}{(x-x_j)}\mathrm{d}x\end{aligned}$$

因为 $\omega_{n+1}(x)=(x-x_0)(x-x_1)\cdots(x-x_n)$，所以 $\omega'_{n+1}(x_j)=(x_j-x_0)\cdots(x_j-x_{j-1})(x_j-x_{j+1})\cdots(x_j-x_n)$，记

$$A_j=\frac{1}{\omega'_{n+1}(x_j)}\int_a^b\frac{\omega_{n+1}(x)}{(x-x_j)}\mathrm{d}x\ ,\quad j=0,1,\cdots,n \qquad (3\text{-}2)$$

则有

$$\int_a^b f(x)\mathrm{d}x \approx \sum_{j=0}^{n} A_j f(x_j) \tag{3-3}$$

公式(3-3)称为**插值型求积公式**,A_j 称为**求积系数**,A_j 只与节点 x_j 有关,而与函数 $f(x)$无关。x_j 叫做**求积节点**;(3-1)式右端第二项积分称为插值型求积公式的**截断误差即余项**,用记号 $R_n[f]$表示,即

$$\begin{aligned} R_n[f] &= \int_a^b R_n(x)\mathrm{d}x \\ &= \int_a^b \frac{f^{(n+1)}(\xi)}{(n+1)!}\omega_{n+1}(x)\mathrm{d}x, \quad \xi\in(a,b) \end{aligned} \tag{3-4}$$

从(3-4)式中看到,假定 $f(x)$为 n 次多项式,则 $f^{(n+1)}(x)=0$,从而知 $R_n[f]=0$,此时有

$$\int_a^b f(x)\mathrm{d}x = \sum_{j=0}^{n} A_j f(x_j)$$

精确成立,为此我们引进代数精度的概念。

3.1.2 求积公式的代数精度

求积公式是一种近似方法,应该要求它对尽可能多的被积函数 $f(x)$都准确成立。在计算方法中,常用代数精度这个概念来描述这个近似求积公式的优劣。

定义 3.1 若定积分 $I(f)=\int_a^b f(x)\mathrm{d}x$ 的某个近似求积公式

$$\tilde{I}(f) = \sum_{j=0}^{n} A_j f(x_j)$$

满足:

(1)对于所有次数不超过 m 的多项式 $f(x)$都有 $I(f)=\tilde{I}(f)$;

(2)对于某一个 $m+1$ 次多项式 $f(x)$有 $I(f)\neq\tilde{I}(f)$,则称求积公式(3-3)具有 ***m* 次代数精度**。

利用积分的线性性质可知,只要 $f(x)$分别取 $1,x,x^2,\cdots,x^m$ 时求积公式(3-3)都精确成立,即对于 $f(x)$为任何次数不高于 m 的多项式(3-3)式都精确

成立。但对于 $f(x)$为 $m+1$ 次多项式时(3-3)式不能精确成立，这样就可以确定该求积公式具有 m 次代数精度。

例 3.1　确定求积公式

$$\int_{-1}^{1} f(x)\mathrm{d}x \approx f\left(-\frac{1}{\sqrt{3}}\right)+f\left(\frac{1}{\sqrt{3}}\right)$$

的代数精度。

解　当 $f(x)$分别取 $1,x,x^2,x^3,x^4$ 时，计算如下：

$$I(1)=\int_{-1}^{1} 1\cdot \mathrm{d}x=2,\qquad \tilde{I}(1)=1+1=2$$

$$I(x)=\int_{-1}^{1} x\mathrm{d}x=0,\qquad \tilde{I}(x)=-\frac{1}{\sqrt{3}}+\frac{1}{\sqrt{3}}=0$$

$$I(x^2)=\int_{-1}^{1} x^2\mathrm{d}x=\frac{2}{3},\qquad \tilde{I}(x^2)=\left(\frac{1}{\sqrt{3}}\right)^2+\left(\frac{1}{\sqrt{3}}\right)^2=\frac{2}{3}$$

$$I(x^3)=\int_{-1}^{1} x^3\mathrm{d}x=0,\qquad \tilde{I}(x^3)=\left(-\frac{1}{\sqrt{3}}\right)^3+\left(\frac{1}{\sqrt{3}}\right)^3=0$$

$$I(x^4)=\int_{-1}^{1} x^4\mathrm{d}x=\frac{2}{5},\qquad \tilde{I}(x^4)=\left(-\frac{1}{\sqrt{3}}\right)^4+\left(\frac{1}{\sqrt{3}}\right)^4=\frac{2}{9}$$

因为 $I(1)=\tilde{I}(1)$，$I(x)=\tilde{I}(x)$，$I(x^2)=\tilde{I}(x^2)$，$I(x^3)=\tilde{I}(x^3)$，而 $I(x^4)\neq \tilde{I}(x^4)$，所以该求积公式具有 3 次代数精度。

显然，如果一个求积公式的代数精度越高，它就能对更多的被积函数 $f(x)$准确成立，从而它具有更好的实际计算意义。

对于插值型求积公式(3-3)，当被积函数 $f(x)$是 n 次多项式时，因 $f^{(n+1)}(x)=0$，故余项 $R[f]\equiv 0$。所以，插值型求积公式至少具有 n 次代数精度。

3.2　牛顿-柯特斯(Newton-Cotes)求积公式

在上节中我们给出了插值型求积公式，在实际应用中，为了方便起见，一般将积分区间等分之，分点就是节点。这样构造出的插值型求积公式称作**牛顿-柯特斯求积公式**。

3.2.1 牛顿-柯特斯求积公式

如果插值公式中的节点 $x_j(j=0,1,\cdots,n)$ 为等距分布，$x_0=a$，$x_n=b$，且记

$$x_j=a+jh,\quad h=\frac{b-a}{n}\quad (j=0,1,\cdots,n)$$

如果作变量代换 $x=a+th$，则公式(3-2)中的 $\omega_{n+1}(x)$ 及 $\omega'_{n+1}(x_j)$ 可写成

$$\omega_{n+1}(x)=h^{n+1}t(t-1)\cdots(t-n)$$

$$\omega'_{n+1}(x_j)=(-1)^{n-j}j!\,(n-j)!\,h^n$$

于是

$$\begin{aligned}A_j&=\frac{(-1)^{n-j}h}{j!\,(n-j)!}\int_0^n t(t-1)\cdots(t-j+1)(t-j-1)\cdots(t-n)\mathrm{d}t\\&=(b-a)\frac{(-1)^{n-j}}{j!\,(n-j)!\,n}\int_0^n t(t-1)\cdots(t-j+1)(t-j-1)\cdots(t-n)\mathrm{d}t\end{aligned}$$

记

$$\begin{aligned}C_j^{(n)}&=\frac{(-1)^{n-j}}{j!\,(n-j)!\,n}\int_0^n t(t-1)\cdots(t-j+1)(t-j-1)\cdots(t-n)\mathrm{d}t\\&=\frac{(-1)^{n-j}}{j!\,(n-j)!\,n}\int_0^n\frac{t(t-1)\cdots(t-n)}{(t-j)}\mathrm{d}t\end{aligned}\tag{3-5}$$

即

$$A_j=(b-a)C_j^{(n)},\quad j=0,1,\cdots,n$$

于是，插值型求积公式(3-3)式可写成

$$\int_a^b f(x)\mathrm{d}x\approx\sum_{j=0}^n A_jf_j=(b-a)\sum_{j=0}^n C_j^{(n)}f_j\tag{3-6}$$

(3-6)式称为**牛顿-柯特斯求积公式**，$C_j^{(n)}$ **称为柯特斯系数**，$f_j=f(x_j)$，其求积截断误差为

$$R_n[f]=\int_a^b\frac{f^{(n+1)}(\xi)}{(n+1)!}\omega_{n+1}(x)\mathrm{d}x,\quad \xi\in(a,b)\text{并依赖于 }x\tag{3-7}$$

称(3-7)式为**牛顿-柯特斯公式的余项**。

在实际计算中，由于高阶牛顿-柯特斯公式数值稳定性差而不宜采用，有实用价值的仅仅是几种低阶的求积公式。

3.2.2　几个低阶求积公式

在牛顿-柯特斯求积公式中 $n=1,2,4$ 时，就分别得到下面的梯形求积公式、辛卜生求积公式及柯特斯求积公式。

1. 梯形公式

当 $n=1$ 时，取 $f(x)$ 的两端点，a、b 作为插值节点，由公式(3-5)得

$$C_0^{(1)}=-\int_0^1(t-1)\mathrm{d}t=\frac{1}{2}$$

$$C_1^{(1)}=\int_0^1 t\mathrm{d}t=\frac{1}{2}$$

于是由(3-6)式得

$$\int_a^b f(x)\mathrm{d}x\approx\frac{b-a}{2}[f(a)+f(b)]$$

记

$$T=\frac{b-a}{2}[f(a)+f(b)] \tag{3-8}$$

通常把公式(3-8)式叫做**梯形求积公式**，简称**梯形公式**，其几何意义如图3-1所示，即用直边梯形的面积(阴影面积)来近似曲边梯形的面积。

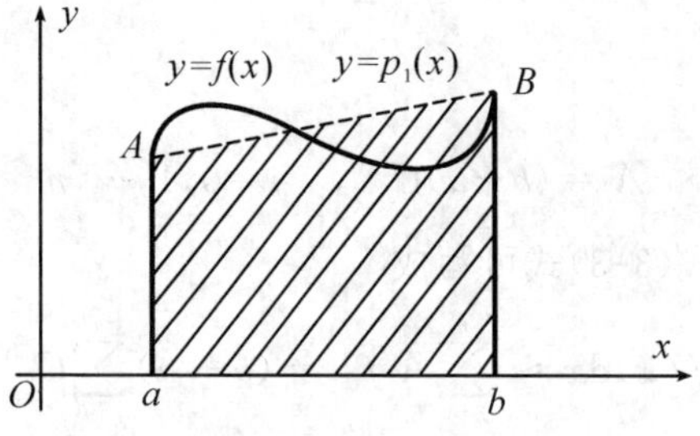

图 3-1

而梯形公式的截断误差则由(3-4)式可得出

$$R_1[f]=\int_a^b\frac{f''(\xi)}{2!}(x-a)(x-b)\mathrm{d}x$$

$$\xi\text{与 }x\text{ 有关},a<\xi<b$$

如果 $f''(x)$ 在 $[a,b]$ 上连续，且不变号，而 $(x-a)(x-b)<0$，则由积分第一中值定理知，在 $[a,b]$ 上必存在一点 η，使得

$$\int_a^b f''(\xi)(x-a)(x-b)\mathrm{d}x = f''(\eta)\int_a^b (x-a)(x-b)\mathrm{d}x$$

$$= -\frac{(b-a)^3}{6}f''(\eta), \quad a\leqslant\eta\leqslant b$$

即

$$R_1[f] = \int_a^b f(x)\mathrm{d}x - \frac{b-a}{2}[f(a)+f(b)]$$

$$= -\frac{(b-a)^3}{12}f''(\eta), \quad a\leqslant\eta\leqslant b \tag{3-9}$$

可见,梯形公式具有1次代数精度,即它对于次数不高于1次的多项式准确成立。

2. 辛卜生(Simposn)公式

当 $n=2$ 时,插值节点除取端点 a、b 外,再取中点 $C=\frac{a+b}{2}$,由公式(3-5)得

$$C_0^{(2)} = \frac{1}{4}\int_0^2 (t-1)(t-2)\mathrm{d}t = \frac{1}{6}$$

$$C_1^{(2)} = -\frac{1}{2}\int_0^2 t(t-2)\mathrm{d}t = \frac{4}{6}$$

$$C_2^{(2)} = \frac{1}{4}\int_0^2 t(t-1)\mathrm{d}t = \frac{1}{6}$$

则由(3-6)式得

$$\int_a^b f(x)\mathrm{d}x \approx \frac{b-a}{6}[f(a)+4f(c)+f(b)] = S \tag{3-10}$$

公式(3-10)称为**辛卜生公式或抛物线公式**

其几何意义如图3-2所示,即用抛物线下的面积(阴影面积)去近似曲线 $y=f(x)$ 下的面积 $\int_a^b f(x)\mathrm{d}x$。

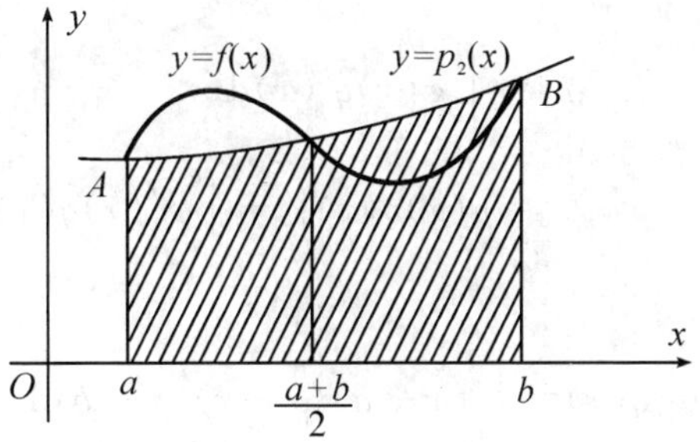

图 3-2

而它的截断误差则由(3-4)式可得出

$$R_2[f]=\int_a^b \frac{f'''(\xi)}{3!}(x-a)(x-c)(x-b)\mathrm{d}x$$

$$\xi \text{ 与 } x \text{ 有关}\quad (a<\xi<b)$$

由于$(x-a)(x-c)(x-b)$在积分区间上的函数值是变号的，故不能直接应用积分中值定理。为此，令

$$q(x)=\int_a^x (x-a)(x-c)(x-b)\mathrm{d}x$$

于是
$$q'(x)=(x-a)(x-c)(x-b)$$

并记
$$g(x)=\frac{f'''(\xi)}{3!}$$

又由第 2 章的(2-18)式知

$$\frac{f'''(\xi)}{3!}=f[x,x_0,x_1,x_2],\quad \xi\in(a,b)$$

所以

$$g(x)=f[x,x_0,x_1,x_2]$$

由于

$$\begin{aligned}f'(x)&=\lim_{\Delta x\to 0}\frac{f(x+\Delta x)-f(x)}{\Delta x}\\&=\lim_{\Delta x\to 0}f[x+\Delta x,x]=f[x,x]\end{aligned}$$

一般地

$$f'[x,x_0,x_1,\cdots,x_n]=f[x,x,x_0,x_1,\cdots,x_n] \tag{3-11}$$

式中：

$$x_0=a,\quad x_1=\frac{a+b}{2}=c,\quad x_2=b$$

由分部积分得出

$$\begin{aligned}R_2[f]&=\int_a^b g(x)q'(x)\mathrm{d}x\\&=g(x)q(x)\big|_a^b-\int_a^b g'(x)q(x)\mathrm{d}x\end{aligned}$$

不难得到

$$\begin{aligned}q(x)&=\int_a^x (x-a)(x-c)(x-b)\mathrm{d}x\\&=\frac{1}{4}(x-a)^2(x-b)^2\end{aligned}$$

由此可知，$q(a)=q(b)=0$，于是有 $g(x)q(x)\big|_a^b$ 为零，显而易见，这时 $q(x)$在整

个积分区间$[a,b]$上不变号,若 $f^{(4)}(x)$在$[a,b]$上连续,于是根据积分第一中值定理,在$[a,b]$存在一点 ξ,使

$$R_2[f]=-g'(\xi)\int_a^b q(x)\mathrm{d}x$$
$$=-\frac{1}{4}g'(\xi)\int_a^b (x-a)^2(x-b)^2\mathrm{d}x$$

由(3-11)式知

$$g'(\xi)=f[\xi,\xi,x_0,x_1,x_2]$$

又由(2-18)式知

$$f[\xi,\xi,x_0,x_1,x_2]=\frac{f^{(4)}(\eta)}{4!},\quad \eta\in(a,b)$$

于是

$$R_2[f]=-\frac{1}{2880}(b-a)^5f^{(4)}(\eta),\quad \eta\in(a,b)$$

即得

$$R_2[f]=\int_a^b f(x)\mathrm{d}x-\frac{b-a}{6}[f(a)+4f(c)+f(b)]$$
$$=-\frac{(b-a)^5}{2880}f^{(4)}(\eta),\quad \eta\in(a,b) \tag{3-12}$$

由(3-12)式表明,辛卜生公式的代数精度为 3,也就是说它对次数不高于 3 的多项式准确成立。

3. 柯特斯(Cotes)公式

当 $n=4$ 时,插值节点除取端点 a、b 及 c 外,再增加两个节点 d、e。

$$d=a+\frac{b-a}{4},\quad e=a+\frac{3}{4}(b-a)$$

由公式(3-5)得

$$C_0^{(4)}=C_4^{(4)}=\frac{1}{4\times4!}\int_0^4 t(t-1)(t-2)(t-3)\mathrm{d}t=\frac{7}{90}$$

$$C_1^{(4)}=C_3^{(4)}=-\frac{1}{4!}\int_0^4 t(t-2)(t-3)(t-4)\mathrm{d}t=\frac{32}{90}$$

[注]积分中值定理(积分第一中值定理):若 $f(x)$在$[a,b]$上连续,$g(x)$在$[a,b]$上不变号且在$[a,b]$上可积,则在$[a,b]$上至少存在一点 η,使 $\int_a^b f(x)g(x)\mathrm{d}x=f(\eta)\int_a^b g(x)\mathrm{d}x$。

$$C_2^{(4)}=\frac{1}{16}\int_0^4 t(t-1)(t-3)(t-4)\mathrm{d}t=\frac{12}{90}$$

于是，由(3-6)式得

$$I^*=\int_a^b f(x)\mathrm{d}x\approx\frac{b-a}{90}[7f(a)+32f(d)+12f(c)+32f(e)+7f(b)]=C \tag{3-13}$$

公式(3-13)称为**柯特斯公式**。下面，我们直接给出柯特斯公式的截断误差，若 $f^{(6)}(x)$ 在 $[a,b]$ 上连续，则

$$R_4[f]=-\frac{8f^{(6)}(\eta)}{945}\left(\frac{b-a}{4}\right)^7,\quad \eta\in(a,b) \tag{3-14}$$

可见，柯特斯公式的代数精度为 5，也就是说它对次数不高于 5 的多项式准确成立。

用类似的方法还可以得到其它的求积公式，下面表 3-1 是 $n=1\sim8$ 牛顿-柯特斯系数表。可以证明，对于牛顿-柯特斯公式，当求积节点数 n 为奇数时，求积公式的代数精确度至少为 n；而求积节点数 n 为偶数时，其代数精确度至少为 $n+1$。可见使用牛顿-柯特斯公式时，为了既保证精度又节约时间，应尽量选用 n 是偶数的情况。

表 3-1

n	$C_j^{(n)}$								
1	$\frac{1}{2}$,	$\frac{1}{2}$							
2	$\frac{1}{6}$,	$\frac{4}{6}$,	$\frac{1}{6}$						
3	$\frac{1}{8}$,	$\frac{3}{8}$,	$\frac{3}{8}$,	$\frac{1}{8}$					
4	$\frac{7}{90}$,	$\frac{16}{45}$,	$\frac{2}{15}$,	$\frac{16}{45}$,	$\frac{7}{90}$				
5	$\frac{19}{288}$,	$\frac{25}{96}$,	$\frac{25}{144}$,	$\frac{25}{144}$,	$\frac{25}{96}$,	$\frac{19}{288}$			
6	$\frac{41}{840}$,	$\frac{9}{35}$,	$\frac{9}{280}$,	$\frac{34}{105}$,	$\frac{9}{280}$,	$\frac{9}{35}$,	$\frac{41}{840}$		
7	$\frac{751}{17280}$,	$\frac{3577}{17280}$,	$\frac{1323}{17280}$,	$\frac{2989}{17280}$,	$\frac{2989}{17280}$,	$\frac{1323}{17280}$,	$\frac{3577}{17280}$,	$\frac{751}{17280}$	
8	$\frac{989}{28350}$,	$\frac{5888}{28350}$,	$\frac{-928}{28350}$,	$\frac{10496}{28350}$,	$\frac{-4540}{28350}$,	$\frac{10496}{28350}$,	$\frac{-928}{28350}$,	$\frac{5888}{28350}$,	$\frac{989}{28350}$

例 3.2 试用梯形公式、辛卜生公式及柯特斯公式计算积分 $\int_{0.5}^{1}\sqrt{x}\mathrm{d}x$（计算结果取 5 位有效数字）。

解 (1)用梯形公式计算，得

$$\int_{0.5}^{1}\sqrt{x}\mathrm{d}x \approx \frac{0.5}{2}(\sqrt{0.5}+\sqrt{1}) = 0.42678$$

(2)用辛卜生公式计算，得

$$\int_{0.5}^{1}\sqrt{x}\mathrm{d}x \approx \frac{0.5}{6}(\sqrt{0.5}+4\sqrt{0.75}+\sqrt{1}) = 0.43093$$

(3)用柯特斯公式计算，得

$$\int_{0.5}^{1}\sqrt{x}\mathrm{d}x \approx \frac{0.5}{90}(7\sqrt{0.5}+32\sqrt{0.625}+12\sqrt{0.75}+32\sqrt{0.875}+7\sqrt{1})$$

$$=0.43096$$

积分的标准值

$$\int_{0.5}^{1}\sqrt{x}\mathrm{d}x = \frac{2}{3}x^{\frac{3}{2}}\Big|_{0.5}^{1} = 0.43096$$

计算结果表明，柯特斯公式精度最高，辛卜生公式次之，梯形公式精确度较差。

从前面的讨论看出，当被积函数 $f(x)$为 n 次多项式时，求积公式(3-6)

$$I=\int_{a}^{b}f(x)\mathrm{d}x \approx \sum_{j=0}^{n}A_j f_j = (b-a)\sum_{j=0}^{n}C_j^{(n)} f_j$$

精确成立。

特别，当 $f(x)\equiv 1$ 时，有

$$\sum_{j=0}^{n}C_j^{(n)} = 1$$

可以用上式来检验求积系数 $C_j^{(n)}$ 计算的正确性，还可以用来分析舍入误差的传播情况。假设 $f(x_j)$的舍入误差为 ε_j，即

$$f^*(x_j)=f(x_j)+\varepsilon_j,\quad j=0,1,2,\cdots n$$

这里 $f(x_j)$为带有误差 ε_j 的函数值，$f^*(x_j)$为准确值，这样

$$\begin{aligned}|I^{*}-I| &= \left|(b-a)\sum_{j=0}^{n}C_j^{(n)}f^{*}(x_j)-(b-a)\sum_{j=0}^{n}C_j^{(n)}f(x_j)\right| \\ &= (b-a)\left|\sum_{j=0}^{n}C_j^{(n)}[f(x_j)+\varepsilon_j]-\sum_{j=0}^{n}C_j^{(n)}f(x_j)\right| \\ &= (b-a)\left|\sum_{j=0}^{n}C_j^{(n)}\varepsilon_j\right| \\ &\leqslant (b-a)\cdot\varepsilon\cdot\sum_{j=0}^{n}|C_j^{(n)}|\end{aligned}$$

式中：

$$\varepsilon=\max_{a\leqslant j\leqslant b}\{|\varepsilon_j|\}$$

由牛顿-柯特斯系数表知，当 $C_j^{(n)}$ 均为正值时，即 $j\leqslant 7$

$$\sum_{j=0}^{n}|C_j^{(n)}|=\sum_{j=0}^{n}C_j^{(n)}=1\text{，这时 }|I^{*}-I|\leqslant\varepsilon\cdot(b-a)$$

故 $j\leqslant 7$ 时，积分过程的舍入误差不会扩大，即是说，这个数值积分计算过程是稳定的；而当 $j\geqslant 8$ 时，由于牛顿-柯特斯系数有正有负，稳定性不能保证。即

$$(b-a)\varepsilon\sum_{j=0}^{n}|C_j^{(n)}|>(b-a)\varepsilon\sum_{j=0}^{n}C_j^{(n)}=(b-a)\varepsilon$$

这样，就使得求积公式的误差影响可能在传播扩大，所以在实际计算时，当 $j\geqslant 8$，柯特斯求积公式一般不被采用。

3.3　复化求积公式

从上一节讨论知道：一方面，高阶求积公式的计算过程可能出现数值不稳定性；另一方面，为了保证数值积分有一定的精确性，而低阶求积公式又不能满足精度要求。为解决这个矛盾，通常把积分区间分细，并在分细后的每个子区间 $[x_{k-1}, x_k]$ 上使用低阶求积公式，然后再将它们迭加起来，这就是所谓复化求积公式。

一般地，可将积分区间 $[a,b]$ 等分为 n 个子区间，分点为 $x_k=a+kh$　$(k=0,1,\cdots,n)$，

小区间的长度 $h=\dfrac{b-a}{n}$ 为步长，在子区间 $[x_{k-1},x_k]$ 上进行数值积分，即

$$\int_a^b f(x)\mathrm{d}x=\sum_{k=1}^{n}\int_{x_{k-1}}^{x_k}f(x)\mathrm{d}x$$

而积分 $\int_{x_{k-1}}^{x_k} f(x)\mathrm{d}x$ 可使用低阶求积公式。下面给出几个低阶形式的复化求积公式。

3.3.1 复化求积公式的建立

1. 复化梯形公式

在子区间$[x_{k-1},x_k](k=1,2,\cdots,n)$上使用梯形公式，然后把每个子区间上的梯形公式迭加起来，即

$$\int_a^b f(x)\mathrm{d}x \approx \sum_{k=1}^{n} \frac{h}{2}[f(x_{k-1})+f(x_k)]$$
$$=\frac{h}{2}[f(a)+2\sum_{k=1}^{n-1} f(x_k)+f(b)]=T_n \tag{3-15}$$

(3-15)式称为**复化梯形公式**，一般用 T_n 表示。

2. 复化辛卜生公式

在每个子区间$[x_{k-1},x_k](k=1,2,\cdots,n)$上添加一个中点 $x_{k-\frac{1}{2}}$，即 $x_{k-\frac{1}{2}}=a+\left(k-\frac{1}{2}\right)h$，然后在每个子区间上使用辛卜生公式，并迭加起来，即

$$\int_b^a f(x)\mathrm{d}x \approx \sum_{k=1}^{n} \frac{h}{6}[f(x_{k-1})+4f(x_{k-\frac{1}{2}})+f(x_k)]$$
$$=\frac{h}{6}[f(a)+4\sum_{k=1}^{n} f(x_{k-\frac{1}{2}})+2\sum_{k=1}^{n-1} f(x_k)+f(b)]=S_n \tag{3-16}$$

(3-16)式就是**复化辛卜生公式**，一般用 S_n 表示。

3. 复化柯特斯公式

将每个子区间$[x_{k-1},x_k](k=1,2,\cdots,n)$分成四等份，依次取节点为 x_{k-1}、$x_{k-\frac{3}{4}}$、$x_{k-\frac{1}{2}}$、$x_{k-\frac{1}{4}}$、x_k，然后在每个子区间上使用柯特斯公式，并迭加起来，即

$$\int_a^b f(x)\mathrm{d}x \approx \frac{h}{90}\left\{7f(a)+\sum_{k=1}^{n}[32f(x_{k-\frac{3}{4}})+12f(x_{k-\frac{1}{2}})+32f(x_{k-\frac{1}{4}})]+14\sum_{k=1}^{n-1} f(x_k)+7f(b)\right\}$$
$$=C_n \tag{3-17}$$

(3-17)式就是**复化柯特斯公式**，一般用 C_n 表示。

3.3.2 复化求积公式的截断误差

1. 复化梯形公式的截断误差

将区间$[a,b]n$ 等份，步长 $h=\frac{b-a}{n}$，节点为 $x_k=a+kh(k=0,1,\cdots,n)$。由

梯形公式的截断误差可知，在子区间$[x_{k-1},x_k]$$(k=1,2,\cdots,n)$上，梯形求积公式的截断误差为$-\dfrac{h^3}{12}f''(\eta_k)\quad(x_{k-1}\leqslant\eta_k\leqslant x_k)$，将 n 个子区间的截断误差相加就得复化梯形公式在$[a,b]$上的截断误差，即

$$R_n[f]=-\frac{h^3}{12}[f''(\eta_1)+f''(\eta_2)+\cdots+f''(\eta_n)]$$

由 $f''(x)$在$[a,b]$上的连续性，可知在(a,b)内必存在一点 η 使

$$f''(\eta)=\frac{1}{n}[f''(\eta_1)+f''(\eta_2)+\cdots+f''(\eta_n)]$$

η 介于 $\eta_1,\eta_2,\cdots\eta_n$ 之间，

于是有

$$R_n[f]=-\frac{b-a}{12}h^2f''(\eta)\quad \eta\text{ 介于 }a、b\text{ 之间} \tag{3-18}$$

若 $\max\limits_{a\leqslant x\leqslant b}|f''(x)|\leqslant M_2$，则有

$$|R_n[f]|\leqslant\frac{b-a}{12}h^2M_2$$

2. 复化辛卜生公式的截断误差

同复化梯形公式类似，可以得到复化辛卜生公式的截断误差为

$$R_n[f]=-\frac{h^5}{2880}[f^{(4)}(\eta_1)+f^{(4)}(\eta_2)+\cdots+f^{(4)}(\eta_n)]=-\frac{b-a}{2880}h^4f^{(4)}(\eta),$$
$$\eta\text{ 介于 }\eta_1,\eta_2,\cdots,\eta_n\text{ 之间。} \tag{3-19}$$

若 $\max\limits_{a\leqslant x\leqslant b}|f^{(4)}(x)|\leqslant M_4$，则有

$$|R_n[f]|\leqslant\frac{b-a}{2880}h^4M_4$$

3. 复化柯特斯公式的截断误差

$$\begin{aligned}R_n[f]&=\frac{-8}{945}\left(\frac{h}{4}\right)^7[f^{(6)}(\eta_1)+f^{(6)}(\eta_2)+\cdots+f^{(6)}(\eta_n)]\\&=-\frac{2(b-a)}{945}\left(\frac{h}{4}\right)^6f^{(6)}(\eta)\end{aligned}$$
$$\eta\text{ 介于 }\eta_1,\eta_2,\cdots,\eta_n\text{ 之间。} \tag{3-20}$$

若 $\max\limits_{a\leqslant x\leqslant b}|f^{(6)}(x)|\leqslant M_6$ 则有

$$|R_n[f]|\leqslant\frac{2(b-a)}{945}\left(\frac{h}{4}\right)^6M_6$$

例 3.3 用复化梯形公式和复化辛卜生公式，利用表 3-2 前三列的数据计算积分

$$I^*=\int_0^1\frac{\sin x}{x}\mathrm{d}x$$

表 3-2

x_k	$\sin x_k$	$\frac{\sin x_k}{x_k}$	复化梯形公式	复化辛卜生公式
0	0	1	1	1
0.125	0.1246747	0.9973976	2	4
0.25	0.2474039	0.9896156	2	2
0.375	0.3662725	0.9767267	2	4
0.50	0.4794255	0.9588510	2	2
0.625	0.5850973	0.9361557	2	4
0.75	0.6816387	0.9088516	2	2
0.875	0.7675435	0.8771926	2	4
1.0	0.8414710	0.8414710	1	1
$\sum$			15.1310526	22.705998
I			0.9456908	0.9460833

解 (1)复化梯形公式 $n=8$，$h=\frac{1}{8}=0.125$

$$I=\int_0^1 \frac{\sin x}{x}\mathrm{d}x \approx T_8=\frac{1}{8}\times\frac{1}{2}[f(0)+2f(0.125)+2f(0.25)$$

$$+2f(3.75)+2f(0.5)+2f(0.625)+2f(0.75)+2f(0.875)+f(1)]$$

$$=\frac{1}{8}\times\frac{1}{2}\times 15.1310526=0.9456908$$

(2)复化辛卜生公式 $n=4$，$h=\frac{1}{4}=0.25$

$$I=\int_0^1 \frac{\sin x}{x}\mathrm{d}x \approx S_4=\frac{1}{4}\times\frac{1}{6}[f(0)+4f(0.125)+2f(0.25)+$$

$$4f(0.375)+2f(0.50)+4f(0.625)+2f(0.75)+4f(0.875)+f(1)]$$

$$=\frac{1}{4}\times\frac{1}{6}\times 22.705998=0.9460833$$

而

$$I^*=\int_0^1 \frac{\sin x}{x}\mathrm{d}x \approx 0.9460831$$

从表 3-2 后两列的数据可以看出：复化梯形公式及复化辛卜生公式都计算 9 次函数值。复化梯形公式的截断误差为

$$|0.9460831-0.9456908|=0.0003923$$

而复化辛卜生公式的截断误差为

$$|0.9460831-0.9460833|=0.0000002$$

由此比较可知，复化辛卜生公式的精度比较高，因此在实际计算时较多地采用复化辛卜生公式。为了便于编制程序，将复化辛卜生公式(3-16)改写为

$$S_n=\frac{b-a}{3n}\left\{\frac{f(a)-f(b)}{2}+\sum_{k=1}^{n}\left[2f(x_{k-\frac{1}{2}})+f(x_k)\right]\right\}$$

3.3.3　截断误差事后估计与步长的选择

为使数值积分的结果达到预定的精度要求，必须估计误差，从而确定区间的等分数，定出步长 h。上面介绍的复化求积公式能提高积分精度，但是在实际使用时，由于截断误差的表达式中含有被积函数的高阶导数，要对它作出估计往往是困难的。因此在实际计算时，常常是利用截断误差的事后估计法，即是将区间逐次分半进行计算，利用前后两次计算结果来判断截断误差的大小。下面分别介绍复化梯形公式、复化辛卜生公式和复化柯特斯公式的截断误差事后估计方法。

1. 复化梯形公式

设将区间 $[a,b]$ 分成 n 等份，积分近似值为 T_n，准确值为 I^*，则

$$I^*-T_n=-\frac{b-a}{12}\left(\frac{b-a}{n}\right)^2 f''(\eta_1),\quad \eta_1\in(a,b)$$

再把每个小区间分半，即将 $[a,b]$ 分成 $2n$ 等份，积分近似值为 T_{2n}，则

$$I^*-T_{2n}=-\frac{b-a}{12}\left(\frac{b-a}{2n}\right)^2 f''(\eta_2)\quad \eta_2\in(a,b)$$

设 $f''(x)$ 在 $[a,b]$ 上连续且变化不大，即有 $f''(\eta_1)\approx f''(\eta_2)$，则

$$\frac{I^*-T_{2n}}{I^*-T_n}\approx\left(\frac{1}{2}\right)^2$$

上式表明当步长二分后，截断误差将减至原来的 $\left(\frac{1}{2}\right)^2$，将上式移项整理可得

$$I^*\approx T_{2n}+\frac{1}{3}(T_{2n}-T_n)$$

或

$$I^*-T_{2n}\approx\frac{1}{3}(T_{2n}-T_n)$$

若用 T_{2n} 作为 I^* 的近似值；则其截断误差约为 $\frac{1}{3}(T_{2n}-T_n)$，因此，在逐次分半进行计算时，可用 $\frac{1}{3}|T_{2n}-T_n|$ 来估计截断误差与确定步长。具体做法是：先算出 T_n 和 T_{2n}，若 $\frac{1}{3}|T_{2n}-T_n|<\varepsilon$ （ε 为计算结果的允许误差），则停止计算，并取 T_{2n} 作为积分的近似值；否则，将区间再次分半后算出新的近似值 T_{4n}，并检查 $\frac{1}{3}|T_{4n}-T_{2n}|<\varepsilon$ 是否成立，反复计算直到得到满足精度要求的结果为止。

2. 复化辛卜生公式

若 $f^{(4)}(x)$ 在 $[a,b]$ 上连续且变化不大，有

$$\frac{I^*-S_{2n}}{I^*-S_n}\approx\left(\frac{1}{2}\right)^4$$

由此得到

$$I^*\approx S_{2n}+\frac{1}{15}(S_{2n}-S_n)$$

或

$$I^*-S_{2n}\approx\frac{1}{15}(S_{2n}-S_n)$$

3. 复化柯特斯公式

若 $f^{(6)}(x)$ 在 $[a,b]$ 上连续且变化不大，有

$$\frac{I^*-C_{2n}}{I^*-C_n}\approx\left(\frac{1}{2}\right)^6$$

由此得到

$$I^*\approx C_{2n}+\frac{1}{63}(C_{2n}-C_n)$$

或

$$I^*-C_{2n}\approx\frac{1}{63}(C_{2n}-C_n)$$

因此对于复化辛卜生公式和复化柯特斯公式，也可以像使用复化梯形公式求积分近似值那样，在积分区间逐次分半进行计算的过程中，估计新近似值 S_{2n} 和 C_{2n} 的误差，并判断计算过程是否需要继续进行下去。

上述误差事后估计方法，给计算带来很大方便。例如，用复化辛卜生公式计算积分

$$\int_0^1 \sin x^2\,\mathrm{d}x$$

的近似值，使误差不超过$\frac{1}{2}\times10^{-4}$，可先计算出 $S_1=0.30518114$；然后将区间分半，计算出 $S_2=0.30994391$。显然 S_2 不符合要求，故再次将区间分半，计算出 $S_4=0.31024853$，因为

$$\frac{1}{15}|S_4-S_2|\leqslant\frac{1}{2}\times10^{-4}$$

故 $S_4=0.31024853$ 是满足精度要求的近似值。

3.3.4　复化梯形的递推算式

本章 3.3.3 小节中虽然给出了误差估计与步长选取的方法；但是没有考虑到在同一节点上重复计算函数值的问题，因此可以作进一步的改进。

对于复化梯形公式，在使用公式(3-15)计算 T_n 时，要计算出 $n+1$ 个点(积分区间$[a,b]$的 n 等份的分点，不妨简称"n 分点")上的函数值。当 T_n 不满足精度要求时，为提高精度，必须增加分点，就再将各小区间分半，计算出新的近似值 T_{2n}，这就要计算出 $2n+1$ 个点(它们是"$2n$ 分点")上的函数值。在 $2n$ 分点中包含有前面的 n 分点，而 n 分点上的函数值在计算 T_n 时已算出，现在又重新计算当然是不经济的。

为了避免这种重复计算，我们分析 T_{2n} 与 T_n 之间的关系。由公式(3-15)有

$$T_{2n}=\frac{b-a}{4n}\left[f(a)+2\sum_{k=1}^{2n-1}f(a+k\frac{b-a}{2n})+f(b)\right]$$

令 $h_{2n}=\frac{b-a}{2n}$，注意到在 $2n$ 分点

$$x_k=a+kh_{2n},\quad k=1,2,\cdots,2n-1$$

中，当 k 取偶数时是 n 分点，当 k 取奇数时才是新增点的分点，将新增加的分点处的函数值从求和记号中分离出来，就有

$$\begin{aligned}T_{2n}&=\frac{h_{2n}}{2}\{f(a)+2\sum_{k=1}^{n-1}f(a+2kh_{2n})+2\sum_{k=1}^{n}f[a+(2k-1)h_{2n}]+f(b)\}\\&=\frac{h_{2n}}{2}[f(a)+2\sum_{k=1}^{n-1}f(a+2kh_{2n})+f(b)]+h_{2n}\sum_{k=1}^{n}f[a+(2k-1)h_{2n}]\\&=\frac{1}{2}\{\frac{b-a}{2n}[f(a)+2\sum_{k=1}^{n-1}f(a+\frac{b-a}{n}k)+f(b)]\}+h_{2n}\sum_{k=1}^{n}f[a+(2k-1)h_{2n}]\end{aligned}$$

即可得出**复化梯形公式的递推算式**

$$T_{2n}=\frac{1}{2}T_n+h_{2n}\sum_{k=1}^{n}f[a+(2k-1)h_{2n}]\tag{3-21}$$

由递推公式(3-21)看出，在已经算出 T_n 的基础上再计算 T_{2n} 时，只要计算 n 个新增加分点的函数值就可以了，与直接使用复化梯形公式(3-15)求 T_{2n} 相比较，计算量几乎少了一半。

例 3.4 用复化梯形公式的递推算式计算

$$\pi=\int_0^1 \frac{4}{1+x^2}\mathrm{d}x$$

的近似值，要求 $\varepsilon \leqslant 10^{-5}$。

解 (1)在区间[0,1]上使用梯形公式(3-8)，步长 $h_1=1$，得

$$T_1=\frac{1}{2}[f(0)+f(1)]=\frac{1}{2}(4+2)=3$$

(2)将区间[0,1]二等份，步长 $h_2=\frac{1}{2}$，$x=\frac{1}{2}$ 是新分点，由(3-21)式得

$$T_2=\frac{1}{2}T_1+\frac{1}{2}f\left(\frac{1}{2}\right)=3.1$$

(3)再将(2)中各小区间二等份，步长 $h_4=\frac{1}{4}$，$x=\frac{1}{4}$ 与 $x=\frac{3}{4}$ 是两个新分点，再由(3-21)式得

$$T_4=\frac{1}{2}T_2+\frac{1}{4}\left[f(\frac{1}{4})+f(\frac{3}{4})\right]=3.13117647$$

这样不断将各小区间二分下去，由(3-21)式依次得出 T_8，T_{16}，…，计算结果见表 3-3。

表 3-3

k	T_{2^k}	k	T_{2^k}
0	3	5	3.14142989
1	3.1	6	3.14155196
2	3.13117647	7	3.14158248
3	3.13898849	8	3.14159011
4	3.14094161	9	3.14159202

计算出 $T_{2^9}-T_{2^8}<\varepsilon$，故 $\pi=\int_0^1 \frac{1}{1+x^2}\mathrm{d}x \approx 3.14159202$

例 3.5 已知积分 $I=\int_0^1 \mathrm{e}^x\mathrm{d}x$，为保证积分有 5 位有效数字，试求：在使用复化梯形公式计算 T_n 时，n 至少取多大？有多少个节点？

解　$I=\int_0^1 e^x dx$ 有 1 位整数，为保证有 5 位有效数字，计算应精确到小数点后 4 位，即为截断误差 R_n 满足

$$|R_n| \leqslant \frac{1}{2} \times 10^{-4}$$

由公式(3-18) 可知，只需

$$|R_n[f]| = \left|-\frac{b-a}{12}h^2 f''(\eta)\right| = \left|\frac{(b-a)^3}{12n^2}f''(\eta)\right| \leqslant \frac{M_2}{12n^2} = \frac{e}{12n^2} \leqslant \frac{1}{2} \times 10^{-4}$$

其中 $M_2 = \max\limits_{a\leqslant x\leqslant b}|f''(x)| = \max\limits_{a\leqslant x\leqslant b}|e^x| = e$

解出 $n \geqslant 67.3$，取 $n = 68$ 时可保证 T_{68} 有 5 位有效数字，T_{68} 有 69 个节点。

为了方便上机计算，将积分区间$[a,b]$的等份数依次取为 $2^0, 2^1, 2^2, \cdots$，再将(3-21)式改写成

$$\begin{cases} T_1 = \dfrac{b-a}{2}[f(a)+f(b)] \\ T_{2^k} = \dfrac{1}{2}T_{2^{k-1}} + \dfrac{b-a}{2^k}\sum\limits_{i=1}^{2^{k-1}} f\left[a+(2i-1)\dfrac{b-a}{2^k}\right] \end{cases} \quad (k=1,2,3,\cdots) \tag{3-22}$$

称(3-22)式为**复化梯形公式递推(逐次分半)算式**

复化辛卜生公式与复化柯特斯公式也可以由上述原理构造相应的递推算式。因为下面龙贝格方法给出的算法在积分区间逐次分半过程中，得出的近似值 S_{2n} 及 C_{2n} 更为简便，故不再讨论复化辛卜生公式与复化柯特斯公式的递推算式。

3.4　龙贝格(Romberg)方法

复化梯形公式求积分虽然计算简单，但是数列 T_{2n} 收敛速度缓慢，为了加快其收敛速度，首先把复化梯形公式 T_n 和 T_{2n} 按某种线性组合生成比它精度高的复化辛卜生公式，其次把复化辛卜生公式 S_n 与 S_{2n} 又按某种线性组合可以生成比它精度高的复化柯特斯公式 C_n，最后将 C_n 与 C_{2n} 再按某种线性组合可以生成更高精度的求积公式——龙贝格公式，这种加速方法叫做**龙贝格(Romberg)方法**，也称**龙贝格积分法**。

下面介绍龙贝格公式的生成：

3.4.1　梯形公式精度的提高

在本章 3.3.3 节中关于复化梯形公式截断误差事后估计的讨论中已经得到

$$I^* \approx T_{2n} + \frac{1}{3}(T_{2n} - T_n)$$

记

$$\overline{T} = T_{2n} + \frac{1}{3}(T_{2n} - T_n) = \frac{4}{3}T_{2n} - \frac{1}{3}T_n \tag{3-23}$$

再将 T_n 与 T_{2n} 的表达式代入(3-23)式得

$$\begin{aligned}\overline{T} &= \frac{4}{3}\sum_{k=1}^{n}\frac{h}{4}[f(x_{k-1}) + 2f(x_{k-\frac{1}{2}}) + f(x_k)] - \frac{1}{3}\sum_{k=1}^{n}\frac{h}{2}[f(x_{k-1}) + f(x_k)] \\ &= \sum_{k=1}^{n}\frac{h}{6}[f(x_{k-1}) + 4f(x_{k-\frac{1}{2}}) + f(x_4)] = S_n\end{aligned}$$

所以

$$\frac{4}{3}T_{2n} - \frac{1}{3}T_n = S_n \tag{3-24}$$

这是比复化梯形公式精度高的复化辛卜生公式。

3.4.2　辛卜生公式精度的提高

同样，由复化辛卜生公式截断误差的事后估计式得到

$$I^* \approx S_{2n} + \frac{1}{15}(S_{2n} - S_n) = \frac{16}{15}S_{2n} - \frac{1}{15}S_n \tag{3-25}$$

记

$$\overline{S} = \frac{16}{15}S_{2n} - \frac{1}{15}S_n \tag{3-26}$$

可见，$\overline{S}$ 比 S_{2n} 更精确。再将 S_{2n} 与 S_n 的表达式代入(3-26)式，可得

$$\frac{16}{15}S_{2n} - \frac{1}{15}S_n = C_n \tag{3-27}$$

这就得到精度更高的复化柯特斯公式。按上述想法，同样可由复化柯特斯公式生成更高精度的新公式。

3.4.3　柯特斯公式精度的提高

同样，由柯特斯公式截断误差的事后估计式得到

$$I^* \approx \frac{64}{63}C_{2n} - \frac{1}{63}C_n \tag{3-28}$$

记

$$\overline{C} = \frac{64}{63}C_{2n} - \frac{1}{63}C_n \tag{3-29}$$

将 C_{2n} 与 C_n 的表达式代入(3-29)式,得到的新的求积公式(3-30)叫做**龙贝格公式**,即

$$\frac{64}{63}C_{2n}-\frac{1}{63}C_n=R_n \tag{3-30}$$

综上所述,用龙贝格公式计算积分的步骤归纳如下:

第一步:计算 $f(a)$ 和 $f(b)$,算出 $T_1=\frac{b-a}{2}[f(a)+f(b)]$;

第二步:将 $[a,b]$ 分半,算出 $f\left(\frac{b+a}{2}\right)$ 及由(3-21)式算出 T_2,并由(3-24)式算出 S_1;

第三步:将 $[a,b]$ 再分半,算出 $f\left(a+\frac{b-a}{4}\right)$ 及 $f\left(a+\frac{3(b-a)}{4}\right)$,由(3-21)式及(3-24)式算出 T_4 及 S_2,再由(3-27)式算出 C_1;

第四步:将 $[a,b]$ 再分半,算出 T_8、S_4、C_2,并由(3-30)式算出 R_1;

第五步:将 $[a,b]$ 不断分半,重复上述过程,计算出 T_{16},S_8,C_4,R_2,…,如此反复可算得 R_2,R_4,…。

一直算到前后两个龙贝格积分值之差不超过给定的误差 ε 时停止计算,否则转第五步继续计算。计算流程见表 3-4。

表 3-4

k	区间等分数 $n=2^k$	T_{2^k}	$S_{2^{k-1}}$	$C_{2^{k-2}}$	$R_{2^{k-3}}$
0	$2^0=1$	①T_1			
1	$2^1=2$	②T_2	③S_1		
2	$2^2=4$	④T_4	⑤S_2	⑥C_1	
3	$2^3=8$	⑦T_8	⑧S_4	⑨C_2	⑩R_1
4	$2^4=16$	⑪T_{16}	⑫S_8	⑬C_4	⑭R_2
5	$2^5=32$	⑮T_{32}	⑯S_{16}	⑰C_8	⑱R_4
⋮	⋮	⋮	⋮	⋮	⋮

例 3.6　用龙贝格方法计算积分 $I=\int_0^1\frac{4\mathrm{d}x}{1+x^2}$,$\varepsilon\leqslant 0.00001$。

解　按上述步骤计算。

$f(x)=\frac{4}{1+x^2}$,　$a=0$,　$b=1$

(1)$f(0)=4$，　$f(1)=2$，　由此算得 $T_1=\frac{1}{2}[f(0)+f(1)]=3$

(2)$f\left(\frac{1}{2}\right)=\frac{16}{5}$，　$T_2=\frac{1}{2}\left[T_1+f(\frac{1}{2})\right]=3.1$，由此算得

$$S_1=\frac{4}{3}T_2-\frac{1}{3}T_1=3.1333$$

(3)算出 $f(\frac{1}{4})$、$f(\frac{3}{4})$，由此算得

$$T_4=\frac{1}{2}T_2+\frac{1}{4}\left[f\left(\frac{1}{4}\right)+f\left(\frac{3}{4}\right)\right]=3.13118$$

$$S_2=\frac{4}{3}T_4-\frac{1}{3}T_2=3.14157$$

$$C_1=\frac{16}{15}S_2-\frac{1}{15}S_1=3.14212$$

(4)计算 $f\left(\frac{1}{8}\right)$，$f\left(\frac{3}{8}\right)$，$f\left(\frac{5}{8}\right)$，$f\left(\frac{7}{8}\right)$，从而可得

$$T_8=\frac{1}{2}T_4+\frac{1}{8}\left[f\left(\frac{1}{8}\right)+f\left(\frac{3}{8}\right)+f\left(\frac{5}{8}\right)+f\left(\frac{7}{8}\right)\right]=3.13899$$

$$S_4=\frac{4}{3}T_8-\frac{1}{3}T_4=3.14159$$

$$C_2=\frac{16}{15}S_4-\frac{1}{15}S_2=3.14159$$

$$R_1=\frac{64}{63}C_2-\frac{1}{63}C_1=3.14158$$

(5)把$[a,b]$再分半，重复上述步骤计算得到

$$T_{16}=3.14094,\ S_8=3.14159, C_4=3.14159,\ R_2=3.14159$$

这样，得出　$|R_1-R_2|\leqslant 0.00001$，故

$$\int_0^1 \frac{4}{1+x^2}\mathrm{d}x\approx 3.14159$$

由上面的计算看出，T_{16} 只准确到小数后第二位，而 S_8, C_4, R_2 各数值都准确到小数后第五位。

$$\left(\int_0^1 \frac{4\mathrm{d}x}{1+x^2}\text{的准确值为 }\pi=3.1415926\cdots\right)$$

以上计算过程可列表 3-5 如下：

表 3-5

k	区间等分数 2^k	T_{2^k}	$S_{2^{k-1}}$	$C_{2^{k-2}}$	$R_{2^{k-3}}$
0	1	3.00000			
1	2	3.10000	3.13333		
2	4	3.13118	3.14157	3.14212	
3	8	3.13899	3.14159	3.14159	3.14158
4	16	3.14094	3.14159	3.14159	3.14159

3.5* 高斯(Gauss)型求积公式

3.5.1 高斯型求积公式的定义

本章 3.1.1 小节中建立的插值型求积公式(3-3)

$$\int_a^b f(x)\mathrm{d}x \approx \sum_{j=0}^{n} A_j f(x_j)$$

式中:求积系数

$$A_j = \frac{1}{\omega'_{n+1}(x_j)} \int_a^b \frac{\omega_{n+1}(x)}{(x-x_j)}\mathrm{d}x$$

截断误差

$$R_n[f] = \int_a^b \frac{f^{(n+1)}(\zeta)}{(n+1)!}\omega_{n+1}(x)\mathrm{d}x, \quad \zeta \in (a,b)$$

插值节点 x_j 是事先给定且为等距节点。这种求积方法虽然简单,但公式的精度受到了限制。例如用梯形公式作数值积分,其几何意义是以 a、b 为插值节点(图 3-3)用梯形 $aABba$ 的面积近似代替曲边梯形 $aABba$ 的面积。显然,如以

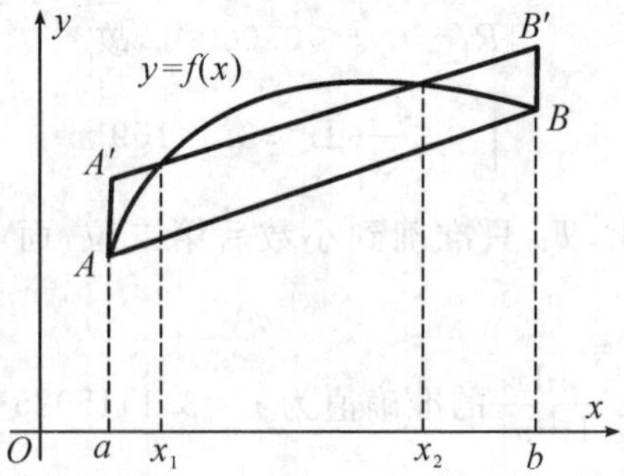

图 3-3

x_1、x_2 为节点，作梯形 $aA'B'ba$，其面积与曲边梯形 $aABba$ 的面积更为接近。即选择更为合适的插值节点(不一定取等距节点)，有可能进一步提高求积公式精度。那么，最高能具有多少次代数精度呢？

由本章 3.1.2 小节可知，在插值型求积公式(3-3)中，$f(x)$分别取 $1,x,x^2,\cdots,x^{n-1}$时，公式(3-3)都精确成立，则公式(3-3)至少具有 $n-1$ 次代数精度。现在的问题是：能否选取适当的节点 $x_1,x_2,\cdots,x_n$ 使公式(3-3)对 $f(x)$分别取 $x^n,x^{n+1},\cdots,x^{2n-1}$也都精确成立，即公式(3-3)的代数精度能否提高到 $2n-1$ 次。由于从 $n-1$ 到 $2n-1$ 提高了 n 次，而节点的选择又有 n 个自由度，所以公式(3-3)的代数精度是有可能达到 $2n-1$ 次的，那么有可能达到 $2n$ 次吗？

令
$$f(x)=(x-x_1)^2(x-x_2)^2\cdots(x-x_n)^2=\prod_{j=1}^{n}(x-x_j)^2 \tag{3-31}$$

取互异的节点 $x_j(j=1,2\cdots,n)\in[a,b]$，这样 $f(x)$就为 $2n$ 次多项式且

$$f(x_j)=0,\ j=1,2,\cdots,n,$$

而

$$\int_a^b f(x)\mathrm{d}x=\int_a^b\prod_{j=1}^{n}(x-x_j)^2\mathrm{d}x>0\quad(b>0),$$

$$\sum_{j=1}^{n}A_j f(x_j)=0$$

因此，$f(x)=\prod_{j=1}^{n}(x-x_j)^2$ 时，公式(3-3) 不能精确成立，所以插值型求积公式(3-3) 不具有 $2n$ 次代数精度。由上面的讨论可得出高斯型求积公式的定义。

定义 3.2 对于 n 个求积节点的插值型求积公式

$$\int_a^b f(x)\mathrm{d}x\approx\sum_{j=1}^{n}A_j f(x_j)$$

如果对于任何次数不高于 $2n-1$ 次的多项式 $f(x)$精确成立，则称该求积公式为**高斯型求积公式**，并称其节点 $x_j(j=1,2,\cdots,n)$为**高斯点**。

可以证明，高斯型求积公式也是插值型的。n 个节点的高斯型求积公式具有最高不超过 $2n-1$ 次的代数精度，这也是我们所讨论的具有最高代数精度的求积公式。

3.5.2　建立高斯型求积公式

对于插值型求积公式(3-3)，$f(x)$分别取 $1,x,x^2,\cdots,x^{2n-1}$，这样公式(3-3)就含有 $2n$ 个待定的参数 $A_j,x_j(j=1,2,\cdots,n)$，常用待定系数法确定这些参数，计算量是相当大的。一个比较简单的方法是：

(1)先利用区间$[a,b]$上的 $n+1$ 次正交多项式确定高斯点 $x_j\in[a,b](j=1,2,\cdots,n)$；

(2)然后利用高斯点确定求积系数 $A_j(j=1,2,\cdots,n)$。

限于学时，在本书中对这个方法不作具体介绍，读者可参阅参考书目[2]。表 3-6 给出当积分区间是$[-1,1]$时，两点至五点高斯型求积公式的节点、系数和余项，其中 $\xi\in[-1,1]$，需要时可以查用。

表 3-6

节点数 n	节点 x_j	系数 A_j	余项 $R[f]$
2	±0.5773503	1.0000000	$f^{(4)}(\xi)/135$
3	±0.7745967	0.5555556	$f^{(6)}(\xi)/15750$
	0	0.8888889	
4	±0.8611363	0.3478548	$f^{(8)}(\xi)/34872875$
	±0.3399810	0.6521452	
5	±0.9061798	0.2369269	$f^{(10)}(\xi)/1237732650$
	±0.5384693	0.4786287	
	0	0.5688889	

利用表 3-6 可以方便地写出相应的高斯型求积公式。例如 $n=3$ 时，由表 3-6得

$$x_1=-0.7745967,\quad x_2=0,\quad x_3=0.7745967,$$

$$A_1=0.5555556,\quad A_2=0.8888889,\quad A_3=0.5555556$$

从而得到三点高斯型求积公式：

$$\int_{-1}^{1} f(x)\mathrm{d}x = A_1 f(x_1)+A_2 f(x_2)+A_3 f(x_3)$$

$$\approx 0.5555556f(-0.7745967)+0.8888887f(0)+0.5555556f(0.7745967)$$

如果积分区间是$[a,b]$，则可经过变量代换。

$$x=\frac{b-a}{2}t+\frac{a+b}{2}$$

将区间$[a,b]$上的积分转化为区间$[-1,1]$上的积分

$$\int_a^b f(x)\mathrm{d}x=\frac{b-a}{2}\int_{-1}^{1} f\left(\frac{b-a}{2}t+\frac{a+b}{2}\right)\mathrm{d}t \tag{3-32}$$

于是得到$[a,b]$上的 n 点高斯型求积公式

$$\int_b^a f(x)\mathrm{d}x\approx\frac{b-a}{2}\sum_{j=1}^{n} A_j f\left(\frac{b-a}{2}t_j+\frac{a+b}{2}\right) \tag{3-33}$$

式中:求积系数 A_j 和节点 t_j 可在表 3-6 中查得。

例 3.7　分别利用两点和三点高斯型求积公式,计算

$$I=\int_0^1 \frac{\sin x}{x}\mathrm{d}x$$

的近似值。

解　作变量代换

$$x=\frac{1}{2}(t+1)$$

有

$$I=\int_0^1 \frac{\sin x}{x}\mathrm{d}x=\int_{-1}^{1}\frac{\sin \frac{1}{2}(t+1)}{t+1}\mathrm{d}t$$

用两点高斯型求积公式由表 3-6 得

$$I\approx\frac{\sin \frac{1}{2}(-0.5773503+1)}{-0.5773503+1}\times 1+\frac{\sin \frac{1}{2}(0.5773503+1)}{0.5773503+1}\times 1=0.9460411$$

用三点高斯型求积公式由表 3-6 得

$$I\approx\frac{\sin \frac{1}{2}(-0.7745967+1)}{-0.7745967+1}\times 0.5555556+\frac{\sin \frac{1}{2}}{1}\times 0.8888889$$

$$+\frac{\sin \frac{1}{2}(0.7745967+1)}{0.7745967+1}\times 0.5555556$$

$$=0.9460831$$

本例若用复化梯形公式计算,对区间[0,1]二分十一次,用 2049 个函数值,才取值为 0.9460831。若用龙贝格公式对区间[0,1]二分三次,用 9 个函数值才得相同结果,但高斯型求积公式仅用 3 个函数值,即得相同结果,说明高斯型求积公式是高精度求积公式。

高斯型求积公式的明显缺点是，当 n 改变时，系数和节点几乎都在改变，虽然可以通过其他资料查到较大 n 时的系数和节点，但应用起来却十分不方便。同时，由表 3-6 给出的余项，其表达式都涉及被积函数的高阶导数，要利用它们来控制精度也十分困难，因此，在实际计算中较多采用复化高斯型求积的方法。例如，先把积分区间 $[a,b]$ 分成 m 个等长的小区间 $[x_{i-1},x_i]$ $(i=1,2,\cdots,m)$，然后在每个小区间上使用同一低阶（如两点的、三点的…）高斯型求积公式算出积分近似值，然后将它们相加即得积分 $\int_a^b f(x)\mathrm{d}x$ 的近似值。并且还常用相邻两次高斯型计算结果 G_m 与 G_{m+1} 的关系式

$$\Delta=\frac{|G_{m+1}-G_m|}{|G_{m+1}|+1} \tag{3-34}$$

来控制运算（当 $|G_{m+1}|\leqslant 1$ 时，Δ 相当于绝对误差，当 $|G_{m+1}|>1$ 时，Δ 相当于相对误差），即在计算出 G_{m+1} 与 G_m 后，若 $\Delta<\varepsilon$（ε 为给定的精度）则停止计算。否则计算 G_{m+2} 并检查 $\Delta<\varepsilon$ 是否满足，反复计算直到达到精度要求为止。最后，我们指出高斯型求积公式是稳定的。

3.6 数值微分

当函数 $f(x)$ 是以表格形式给出，并不知道 $f(x)$ 的解析表达式，我们想要求出函数在某节点 x_i 上的导数值 $f'(x_i)$，这称为**数值微分**问题。由于微分和积分是一对互逆的运算，因此，我们将与前面的数值积分平行地讨论数值微分。

3.6.1 差商型数值微分

按照导数的定义，导数 $f'(x_0)$ 是差商 $\dfrac{f(x_0+h)-f(x_0)}{h}$ 当 $h\to 0$ 时的极限。如果精度要求不高，可用差商作为导数的近似值，这样可以建立一种简单的数值微分方法，称为**差商型数值微分**。

1. 向前差商数值微分公式

由　$f'(x_0)=\lim\limits_{h\to 0}\dfrac{f(x_0+h)-f(x_0)}{h}$ 可得**向前差商数值微分公式**

$$f'(x_0)\approx\frac{f(x_0+h)-f(x_0)}{h} \tag{3-35}$$

再由泰勒展开式

$$f(x_0+h)=f(x_0)+hf'(x_0)+\frac{h^2}{2}f''(x_0+\theta h)\quad(0<\theta<1)$$

得到带余项的向前差商数值微分公式

$$f'(x_0)=\frac{f(x_0+h)-f(x_0)}{h}-\frac{h}{2}f''(x_0+\theta h)\quad(0<\theta<1)$$

2. 向后差商数值微分公式

由 $f'(x_0)=\lim\limits_{h\to 0}\dfrac{f(x_0-h)-f(x_0)}{-h}$ 可得**向后产左商数值微分公式**

$$f'(x_0)\approx\frac{f(x_0)-f(x_0-h)}{h}\tag{3-36}$$

又由泰勒展开式

$$f(x_0-h)=f(x_0)-hf'(x_0)+\frac{h^2}{2}f''(x_0-\theta h)\quad(0<\theta<1)$$

得到带余项的向后差商数值微分公式

$$f'(x_0)=\frac{f(x_0)-f(x_0-h)}{h}+\frac{h}{2}f''(x_0-\theta h)\quad(0<\theta<1)$$

3. 中心差商数值微分公式(中点公式)

由 $f'(x_0)=\lim\limits_{h\to 0}\dfrac{f(x_0+h)-f(x_0-h)}{2h}$ 可得**中心差商数值微分公式。**

$$f'(x_0)\approx\frac{f(x_0+h)-f(x_0-h)}{2h}\tag{3-37}$$

由泰勒展开式

$$f(x_0+h)=f(x_0)+hf'(x_0)+\frac{h^2}{2}f''(x_0)+\frac{h^3}{6}f'''(x_0+\theta_1 h)\quad(0<\theta_1<1)$$

$$f(x_0-h)=f(x_0)-hf'(x_0)+\frac{h^2}{2}f''(x_0)-\frac{h^3}{6}f'''(x_0+\theta_2 h)\quad(0<\theta_2<1)$$

两式相减得到带余项的中心差商数值微分公式

$$f'(x_0)=\frac{f(x_0+h)-f(x_0-h)}{2h}-\frac{h^2}{6}f'''(\xi)\quad(x_0-h<\xi<x_0+h)$$

记 $G(h)=\dfrac{f(x_0+h)-f(x_0-h)}{2h}$,则中心差商数值微分公式(3-37)也称为**中点公式**。显然,中点公式是前两个差商微分公式的算术平均。

从几何上看(图 3-4),上述三种导数的近似值即 3 种差商分别表示弦 AB,

AC 和 BC 的斜率，比较这三条弦的斜率与切线 AT（其斜率等于导数值 $f'(x_0)$）平行的程度，从图形上看，显然 BC 的斜率更接近 AT 的斜率。因此，就精度而言，中心差商微分公式更为可取。

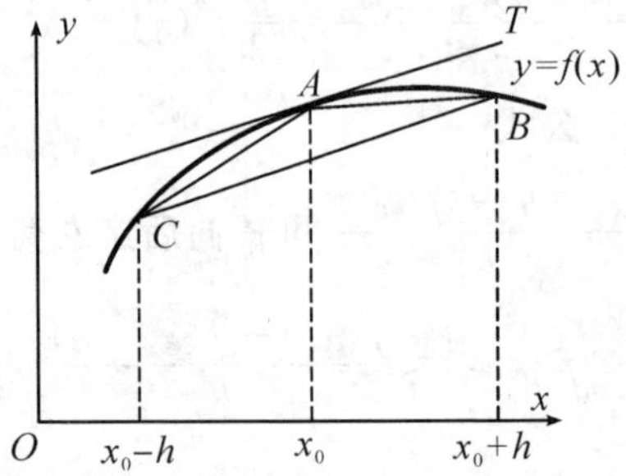

图 3-4　三种差商型数值微分的几何意义

显然，从截断误差的角度看，步长越小，计算越准确。但是按照中点公式计算，当步长很小时，因为 $f(x_0+h)$ 和 $f(x_0-h)$ 很接近，直接相减会造成有效数字的严重丢失。因此从舍入误差的角度看，步长是不宜过小的。所以在选取步长时，通常采用不断将原有步长折半的方法来寻找合适的步长。

例 3.8　用中点公式求 $f(x)=\sqrt{x}$ 在 $x=2$ 处的一阶导数。

解　$f'(x_0)\approx G(h)=\dfrac{f(x_0+h)-f(x_0-h)}{2h}$

取 $x_0=2$，将 $h=1,0.5,0.1,\cdots$ 分别代入上式，取小数点后四位数字，结果见表 3-7（导数的准确值为 $f'(2)=0.353\,553$）。

表 3-7

h	1	0.5	0.1	0.05	0.01	0.005	0.001	0.0005	0.0001
$G(h)$	0.3660	0.3564	0.3535	0.3530	0.3500	0.3500	0.3500	0.3000	0.3000

从上例可以看出当 $h=0.1$ 的逼近效果最好，如果进一步缩小步长，逼近效果会越来越差。

3.6.2 插值型数值微分

如果函数并不是由一个解析表达式的形式给出，而是以表格的形式给出，要求解这种函数在节点处的导数值，也可以利用插值型求导公式。

对给定的节点 $x_k(k=0,1,\cdots,n)$ 上的函数值 $f(x_k)(k=0,1,2,\cdots,n)$，首先根据插值公式构造这些节点上的插值多项式 $L_n(x)$ 来近似函数 $y=f(x)$。由于多项式的求导比较简单，容易想到用 $L'_n(x)$ 的值作为 $f'(x)$ 的近似值，这样建立的数值微分公式

$$f'(x)\approx L'_n(x) \tag{3-38}$$

统称为**插值型求微分公式**。

必须强调的是，即使 $f(x)$ 和 $L_n(x)$ 的值相差不大，但导数的近似值 $L'_n(x)$ 与导数的真值 $f'(x)$ 仍然可能差别很大，因而在使用公式(3-38)时应特别注意误差的分析。

根据拉格朗日插值余项定理，数值微分公式(3-38)的余项为

$$f'(x)-L'_n(x)=\frac{f^{(n+1)}(\xi)}{(n+1)!}\omega'_{n+1}(x)+\frac{\omega_{n+1}(x)}{(n+1)!}\frac{\mathrm{d}}{\mathrm{d}x}f^{(n+1)}(\xi)$$

$$x_0<\xi<x_n$$

式中：$\omega_{n+1}(x)=\prod\limits_{k=0}^{n}(x-x_k)$。由于 ξ 是 x 的未知数，无法对上述余项公式中的 $\dfrac{\omega_{n+1}(x)}{(n+1)!}\dfrac{\mathrm{d}}{\mathrm{d}x}f^{(n+1)}(\xi)$ 进一步分析，因此误差 $f'(x)-L'_n(x)$ 对任意的 x 是无法估计的。但是如果限定只求插值节点 $x_k(k=0,1,2,\cdots,n)$ 上的导数值，这时由于余项的第二项因子 $\omega_{n+1}(x_k)=0$，于是得余项公式

$$f'(x)-L'_n(x)=\frac{f^{(n+1)}(\xi)}{(n+1)!}\omega'_{n+1}(x)。 \tag{3-39}$$

下面给出节点等距分布时常用的几个数值微分公式。

1. 一阶两点公式($n=1$)

设给出两个节点 x_0,x_1 上的函数值 $f(x_0),f(x_1)$，作拉格朗日插值

$$L_1(x)=\frac{x-x_1}{x_0-x_1}f(x_0)+\frac{x-x_0}{x_1-x_0}f(x_1)$$

对上式两端求导，记 $x_1-x_0=h$，有 $L'_1(x)=\dfrac{1}{h}(-f(x_0)+f(x_1))$，于是有下列

一阶插值型数值微分公式：

$$
\begin{aligned}
f'(x_0)\approx L'_1(x_0)=\frac{1}{h}(-f(x_0)+f(x_1))\\
f'(x_1)\approx L'_1(x_1)=\frac{1}{h}(-f(x_0)+f(x_1))
\end{aligned}
\tag{3-40}
$$

利用余项公式(3-39)可知，(3-40)式的余项分别为

$$
\begin{aligned}
f'(x_0)-L'_1(x_0)=-\frac{h}{2}f''(\xi_1)\\
f'(x_1)-L'_1(x_1)=\frac{h}{2}f''(\xi_2)
\end{aligned}
\quad \xi_i\in(x_0,x_1),i=1,2
\tag{3-41}
$$

2. 一阶三点公式$(n=2)$

当给定三个等距分布的节点 x_0,x_1,x_2 上的函数值 $f(x_0),f(x_1),f(x_2)$时，仿照一阶两点公式的构造方法，容易得出插值型数值微分公式为

$$
\begin{aligned}
f'(x_0)\approx L'_2(x_0)=\frac{1}{2h}(-3f(x_0)+4f(x_1)-f(x_2))\\
f'(x_1)\approx L'_2(x_1)=\frac{1}{2h}(-f(x_0)+f(x_2))\\
f'(x_2)\approx L'_2(x_2)=\frac{1}{2h}(f(x_0)-4f(x_1)+3f(x_2))
\end{aligned}
\tag{3-42}
$$

其余项分别为

$$
\begin{aligned}
f'(x_0)-L'_2(x_0)=\frac{h^2}{3}f'''(\xi_1)\\
f'(x_1)-L'_2(x_1)=-\frac{h^2}{6}f'''(\xi_2),\quad \xi_i\in(x_0,x_2),i=1,2,3\\
f'(x_2)-L'_2(x_2)=\frac{h^2}{3}f'''(\xi_3)
\end{aligned}
\tag{3-43}
$$

3. 二阶三点公式$(n=2)$

当给定三个节点 x_0,x_1,x_2 上的函数值 $f(x_0),f(x_1),f(x_2)$时，容易得出二阶插值型数值微分公式为

$$
\begin{aligned}
f''(x_0)\approx L''_2(x_0)=\frac{1}{h^2}\Big(f(x_0)-2f(x_1)+f(x_2)\Big)\\
f''(x_1)\approx L''_2(x_1)=\frac{1}{h^2}\Big(f(x_0)-2f(x_1)+f(x_2)\Big)\\
f''(x_2)\approx L''_2(x_2)=\frac{1}{h^2}\Big(f(x_0)-2f(x_1)+f(x_2)\Big)
\end{aligned}
\tag{3-44}
$$

其余项分别为

$$f''(x_0)-L''_2(x_0)=-hf'''(\xi_1)+\frac{h^2}{6}f^{(4)}(\xi_2)$$

$$f''(x_1)-L''_2(x_1)=-\frac{h^2}{12}f^{(4)}(\xi_3),\qquad \xi_i\in(x_0,x_2),i=1,2,3,4,5 \quad (3\text{-}45)$$

$$f''(x_2)-L''_2(x_2)=hf'''(\xi_4)-\frac{h^2}{6}f^{(4)}(\xi_5)$$

例 3.9 设 $f(x)=e^x$，取 $h=0.01$，试用三点公式计算 $f'(1.80)$ 及 $f''(1.80)$ 的近似值，(精确到小数点后第 5 位)

x	1.78	1.79	1.80	1.81	1.82
$f(x)$	5.929856	5.989452	6.049647	6.110447	6.171858

解 首先分别用一阶三点公式计算

$$f'(1.80)\approx\frac{-3f(1.80)+4f(1.81)-f(1.82)}{2h}=6.04945$$

$$f'(1.80)\approx\frac{f(1.81)-f(1.79)}{2h}=6.04975$$

$$f'(1.80)\approx\frac{f(1.78)-4f(1.79)+3f(1.80)}{2h}=6.04945$$

从上面看出第 2 个算式的结果更接近准确值 6.049647。

再分别用二阶三点公式计算

$$f''(1.80)\approx\frac{f(1.80)-2f(1.81)+f(1.82)}{h^2}=6.11$$

$$f''(1.80)\approx\frac{f(1.79)-2f(1.80)+f(1.81)}{h^2}=6.05$$

$$f''(1.80)\approx\frac{f(1.78)-2f(1.79)+f(1.80)}{h^2}=5.99$$

可见，第 2 个算式计算结果更接近准确值。想一想，为什么？

3.6.3* 样条函数求导

当 $f(x)$ 充分光滑时，用样条函数作为函数 $f(x)$ 的近似值，不仅彼此函数值很接近，导数值也很接近，如对三次样条函数 $S(x)$，当 $h\to0$ 时，若 $S(x)\to f(x)$，则 $S'(x)\to f'(x)$，$S''(x)\to f''(x)$，可知

$$\| f^{(k)} - S^{(k)} \|_\infty = O(h^{4-k}) \quad (k=0,1,2,3)$$

因此,用样条函数建立下面的数值微分公式是很自然的:

$$f^{(k)}(x) \approx S^{(k)}(x) \quad (k=0,1,2,3) \tag{3-46}$$

并且此公式不仅可以用于节点处的求导,而且还可以用于其他点处的求导,因此,比起插值型数值微分公式更实用。

由第 2 章中有关三次样条插值理论可知,直接求导得出如下计算公式:

设 $x \in [x_{i-1}, x_i]$,则

$$f'(x) \approx \frac{y_i - y_{i-1}}{h_i} + \frac{h_i}{6}(M_{i-1} + 2M_i) + M_i(x - x_i) + \frac{M_i - M_{i-1}}{2h_i}(x - x_i)^2 \tag{3-47}$$

$$f''(x) \approx M_i + \frac{M_i - M_{i-1}}{h_i}(x - x_i) \tag{3-48}$$

$$f'''(x) \approx \frac{M_i - M_{i-1}}{h_i} \tag{3-49}$$

例 3.10　用样条函数求导法求第 2 章例 2.7 中 $f(x)=\sqrt{x}$ 在 $x=6$ 处的一阶、二阶、三阶导数值。

解　$x_0=5, x_1=7$,则 $x \in [x_0, x_1]$,且 $y_0=2.2361, y_1=2.6458$,由第 2 章例 2.7 可知

$$M_0 = -0.0218, \qquad M_1 = -0.0128。$$

将这些条件代入式(3-47)、(3-48)、(3-49)式,得

$$f'(6) \approx 0.2041, \quad f''(6) \approx -0.0173, \quad f'''(6) \approx 0.0045$$

通过与真值

$$f'(6) = 0.2041, \quad f''(6) = -0.0170, \quad f'''(6) = 0.0043$$

比较可知,尽管区间分割比较粗糙,但计算结果还是比较理想的。

3.7　MATLAB 程序与算例

龙贝格(Romberg)积分法的 MATLAB 程序

```
function[R,quad,err,h]=romber(f,a,b,n,tol)
% f 为被积函数句柄
% a 为积分上限,b 为积分下限
% tol 是用来控制积分精度,缺省时取 tol=0.001
% R 是龙贝格表,guad 是求得的积分值
% err 为误差估计,h 为最小步长
```

```
M=1;
h=b-a;
err=1;
J=0;
R=zeros(4,4);
R(1,1)=h*(feval(f,a)+feval(f,b))/2;
while((err>tol)δ(J<n)|(J<4))
  J=J+1;
  h=h/2;
  s=0;
  for p=1:M
      x=a+h*(2*p-1);
      s=s+feval(f,x);
  end
  R(J+1,1)=R(J,1)/2+h*s;
M=2*M;
for K=1:J
   R(J+1,K+1)=R(J+1,K)+(R(J+1,K)-R(J,K))/(4~K-1);
end
err=abs(R(J,J)-R(J+1,K+1));
end
quad=R(J+1,J+1);
```

例 3.11 计算 $\int_0^1 \sin(x)\mathrm{d}x$。

解 建立函数文件:fr.m

```
function f=fr(x)
f=sin(x)
```

在 MATLAB 命令窗口键入:

```
[R,quad,err,h]=romber('fr',0,1,5,0.00000001)
```

结果显示:

```
R=
0.4207    0         0         0    0
0.4501    0.4599    0         0    0
0.4573    0.4597    0.4597    0    0
```

0.4591	0.4597	0.4597	0.4597	0
0.4595	0.4597	0.4597	0.4597	0.4597

quad＝0.4597

err＝9.599le－011

h＝0.0625

小　结

在这一章里，我们用函数 $f(x)$的插值多项式 $P(x)$近似地代替函数 $f(x)$，从而导出计算$f(x)$数值积分的几个基本公式。

对于数值积分，介绍了牛顿-柯特斯公式，包括 $n=1$ 的梯形求积公式，$n=2$ 的抛物线(即辛卜生)求积公式，$n=3$ 的柯特斯求积公式和它们的复化求积公式以及与之有关的龙贝格公式。这些公式都是等距节点下的求积公式，它们构造方便，算法简单。

牛顿-柯特斯公式在高阶时的稳定性差，收敛缓慢；因此，在精度要求较高的情况下很少采用高阶牛顿-柯特斯公式，经常采用的是复化梯形公式与复化辛卜生公式，但它们精度较低。龙贝格方法是用梯形法算得的值进行逐步加工而得到的较准确的新的积分近似值的一种算法。该方法公式简单，计算结果精度较高，稳定性好，因此，通常在等距节点情形下，数值积分宜采用龙贝格算法，但是龙贝格算法运算量较大。

为提高精度，最后介绍了在非等距节点下的求积公式：高斯型求积公式及其复化求积公式，这是一种高精度的求积公式。但是，当节点数改变时，所用数据都要重新查表，而且精度也不易控制。虽然它的复化求积公式克服了这个缺点，但应用不如其他求积公式方便。

数值微分是把对导数的计算归结为对若干节点上函数值的计算，差商型数值微分必须选取合适的步长才能得到预期的结果。对于插值型求导公式，即使$f(x)$与 $L_n(x)$的误差不大，但是 $L'_n(x)$与 $f'(x)$的误差仍然会较大，因而应注意误差的分析，但在节点处它们二者的导数误差相对而言容易推导，所以数值微分方法在推导微分方程数值解法时具有重要应用。

习　题　3

1. 确定下列求积公式中的待定参数，使其代数精度尽量高，并指明确定的求积公式具有的代数精度

(1) $\int_0^2 f(x)\mathrm{d}x \approx A_0 f(0)+A_1 f(1)+A_2 f(2)$;

(2) $\int_{-1}^1 f(x)\mathrm{d}x \approx A[f(-1)+2f(x_1)+3f(x_2)]$。

2. 已给数据表

x	1.1	1.3	1.5
e^x	3.0042	3.6693	4.4817

试用辛卜生公式计算积分 $\int_{1.1}^{1.5} e^x \mathrm{d}x$。

3. 试导出下列三种矩形公式的截断误差

(1) $\int_a^b f(x)\mathrm{d}x \approx (b-a)f(a)$;

(2) $\int_a^b f(x)\mathrm{d}x \approx (b-a)f(b)$;

(3) $\int_a^b f(x)\mathrm{d}x \approx (b-a)f\left(\frac{a+b}{2}\right)$。

4. 分别用梯形公式和辛卜生公式按五位小数计算积分 $\sqrt{\frac{2}{\pi}}\int_0^1 e^{-\frac{x^2}{2}}\mathrm{d}x$（准确值为 0.68269)。

5. 已给数据表

x	1.0	1.1	1.2	1.3	1.4	1.5	1.6	1.7	1.8
$f(x)$	1.543	1.668	1.881	1.971	2.151	2.352	2.557	2.828	3.107

试用复化梯形公式计算 $\int_{1.0}^{1.8} f(x)\mathrm{d}x$，分别取步长 $h=0.1, 0.2, 0.4$.

6. 用复化辛卜生公式计算下列积分

(1) $\int_0^1 \frac{x}{x^2+4}\mathrm{d}x, n=4$;

(2) $\int_0^1 e^{-x}\mathrm{d}x, n=8$;

(3) $\int_0^{2x} x\sin x\mathrm{d}x, n=6$。

7. 用复化柯特斯公式计算 6.(1)题。

8. 已知 $\int_0^{0.8} f(x)\mathrm{d}x=2$，且给出如下数表

x	0	0.1	0.2	0.3	0.4	0.5	0.6	0.8
$f(x)$	5	8	6	3	0	−3	−3	5

试用复化辛卜生公式求 $f(0.7)$的近似值。

9. 使用复化梯形公式与复化辛卜生公式计算积分 $\int_0^1 e^{-x}\mathrm{d}x$，要求截断误差的绝对值不超过 0.5×10^{-4}，试问，公式中的 n 应各取多少？

10. 使用复化梯形公式与复化辛卜生公式计算 $\int_1^2 \sqrt{x}\mathrm{d}x$，要使计算结果有 6 位有效数字，问步长 h 各取多少？这两种公式各有多少个节点？

11. 用龙贝格方法计算下列积分

(1) $\int_0^1 \sqrt{x}\mathrm{d}x$，要求精确到 10^{-2}；

(2) $\int_0^{1.5} \frac{1}{1+x}\mathrm{d}x$，要求二分 4 次；

(3) $\int_0^3 e^x \sin x\mathrm{d}x$，要求精确到 10^{-6}。

12*. 用三点高斯型求积公式计算积分

$$\int_0^1 e^{-x}\mathrm{d}x$$

的近似值。

13*. 用四点高斯型求积公式计算积分

$$\int_0^1 \frac{4}{1+x^2}\mathrm{d}x$$

的近似值。

14*. 用三点公式求函数 $f(x)$在 $x=1.1, 1.2$ 和 1.3 处的一阶、二阶导数值的近似值(精确到小数后第 3 位)，$f(x)$的函数值由下表给出。

x	1.0	1.1	1.2	1.3	1.4
$f(x)$	0.2500	0.2268	0.2066	0.1890	0.1736

15*. 用样条函数求导法，求 14 题给出的函数在相应点的一阶、二阶导数值。

第4章 线性方程组的直接解法

在生产实践与科学实验中，许多问题的解决常常直接或间接地归结为线性代数方程组的求解。

设有 n 阶线性代数方程组

$$\begin{cases} a_{11}x_1+a_{12}x_2+\cdots+a_{1n}x_n=b_1 \\ a_{21}x_1+a_{22}x_2+\cdots+a_{2n}x_n=b_2 \\ \cdots \\ a_{n1}x_1+a_{n2}x_2+\cdots+a_{nn}x_n=b_n \end{cases} \tag{4-1}$$

或写成矩阵形式

$$\boldsymbol{Ax}=\boldsymbol{b}$$

式中：系数矩阵 $\boldsymbol{A}=(a_{ij}),i,j=1,2,\cdots,n$；解向量 $\boldsymbol{x}=(x_1,x_2,\cdots,x_n)^{\mathrm{T}}$；常数列向量 $\boldsymbol{b}=(b_1,b_2,\cdots,b_n)^{\mathrm{T}}$。如果系数矩阵 $\boldsymbol{A}$ 为非奇异矩阵，即 $\boldsymbol{A}$ 的行列式不等于零，记为

$$D=\det A\neq 0$$

原则上，方程组(4-1)的解可用克莱姆(Cramer)法则将解表示出来，即

$$x_j=D_j/D,\quad j=1,2,\cdots,n$$

式中：D_j 是把系数行列式 D 中第 j 列的元素用方程组右端 $\boldsymbol{b}$ 的对应元素代替后得到的 n 阶行列式。但是，当方程组阶数 n 较高时，用克莱姆法则求解的计算量相当大。例如，当 $n=20$ 时，需要计算 21 个 20 阶的行列式。按行列式的定义，每个 20 阶的行列式有 20! 个项，每项有 20 个因子相乘，用此方法计算需要 $21\times 20!\times 19$ 次乘法运算，即使用每秒钟能做 10 亿次乘法运算的计算机也需要多少万年才能完成，因此克莱姆法则只适用于解阶数极低的方程组，为此需要寻求更为有效的方法。

求解线性方程组的数值方法主要分为直接法和迭代法两大类。本章介绍求解线性代数方程组的直接法。所谓直接法，就是在不考虑舍入误差的情况下，通过有限步的运算可以求得准确解的方法。常用的直接法有消去法、三角分解法和追赶法等。

4.1　消去法

用消去法解二元一次方程组或三元一次方程组是大家熟悉的方法，对含有更多未知数的线性代数方程组它也是适用的。在电子计算机日益普及的今天，深入讨论这一古老方法仍然是十分有益的。

4.1.1　顺序高斯(Gauss)消去法

顺序高斯消去法（以下简称为顺序消去法）的基本思想是将方程组(4-1)用初等行变换的方法化为三角形式的等价方程组。相比之下，求解三角形方程组要容易得多，下面举一个简单例子来说明顺序消去法的这一基本思想。

例 4.1　用顺序消去法解方程组

$$\begin{cases}2x_1+x_2+4x_3=-1 & \text{(a)}\\ 3x_1+2x_2+x_3=4 & \text{(b)}\\ x_1+2x_2+4x_3=-1 & \text{(c)}\end{cases}$$

解　为将该方程组化为三角形方程组，需分三步进行。

第一步，先将方程(a)除以 x_1 前的系数 2 得到

$$x_1+0.5x_2+2x_3=-0.5 \tag{d}$$

将方程(b)减去 3 乘(d)式及方程(c)减去方程(d)分别得到

$$0.5x_2-5x_3=5.5 \tag{e}$$

$$1.5x_2+2x_3=-0.5 \tag{f}$$

第二步，将方程(e)除以 0.5 得到　$x_2-10x_3=11$　(g)

将方程(f)减去方程(g)的 1.5 倍，得到 $17x_3=-17$　(h)

第三步，将方程(h)除以 17 得到 $x_3=-1$　(i)

将(d)，(g)，(i)联立起来就是与原方程组等价的三角形方程组

$$\begin{cases}x_1+0.5x_2+2x_3=-0.5\\ \qquad x_2-10x_3=11\\ \qquad\qquad x_3=-1\end{cases} \tag{4-2}$$

上述过程用矩阵形式表示出来就是

$$(\boldsymbol{A}|\boldsymbol{b})=\left[\begin{array}{ccc:c}2&1&4&-1\\3&2&1&4\\1&2&4&-1\end{array}\right]=(\boldsymbol{A}^{(0)}\mid\boldsymbol{b}^{(0)})$$

$$\sim\begin{bmatrix}1 & 0.5 & 2 & \vdots & -0.5\\0 & 0.5 & -5 & \vdots & 5.5\\0 & 1.5 & 2 & \vdots & -0.5\end{bmatrix}=(\boldsymbol{A}^{(1)}\mid\boldsymbol{b}^{(1)}),\text{(第一步)}$$

$$\sim\begin{bmatrix}1 & 0.5 & 2 & \vdots & -0.5\\0 & 1 & -10 & \vdots & 11\\0 & 0 & 17 & \vdots & -17\end{bmatrix}=(\boldsymbol{A}^{(2)}\mid\boldsymbol{b}^{(2)}),\text{(第二步)}$$

$$\sim\begin{bmatrix}1 & 0.5 & 2 & \vdots & -0.5\\0 & 1 & -10 & \vdots & 11\\0 & 0 & 1 & \vdots & -1\end{bmatrix}=(\boldsymbol{A}^{(3)}\mid\boldsymbol{b}^{(3)}),\text{(第三步)}$$

这一过程称为**消元过程**

三角形方程组(4-2)求解是容易的。将 $x_3=-1$ 代入方程组(4-2)的第二式得到 $x_2=1$， 将 $x_3=-1$， $x_2=1$ 代入方程组(4-2)的第一式求得 $x_1=1$。这一过程称为**回代过程**。该方程组的解为 $x_1=1,x_2=1,x_3=-1$。

下面将例 1 的方法推广到一般情况。

将方程组(4-1)记为 $\boldsymbol{A}^{(0)}\boldsymbol{x}=\boldsymbol{b}^{(0)}$，其中，$\boldsymbol{A}^{(0)}=(a_{ij}{}^{(0)})=(a_{ij})=\boldsymbol{A}$，$\boldsymbol{b}^{(0)}=(a_{1,n+1}^{(0)},a_{2,n+1}^{(0)},\cdots,a_{n,n+1}^{(0)})^{\mathrm{T}}=(b_1,b_2,\cdots,b_n)^{\mathrm{T}}=\boldsymbol{b}$。

消元过程：

1. 第一次消元

设 $a_{11}^{(0)}\neq0$，对于 $j=1,2,\cdots,n,n+1$ 计算

$$a_{1j}^{(1)}=a_{1j}^{(0)}/a_{11}^{(0)}=a_{1j}/a_{11}$$

对于 $i=2,3,\cdots,n$ 计算

$$a_{ij}^{(1)}=a_{ij}^{(0)}-a_{i1}^{(0)}\cdot a_{1j}^{(1)}$$

式中：$j=1,2,\cdots,n,n+1$。第一步计算完毕后，增广矩阵$(A^{(0)}\mid\boldsymbol{b}^{(0)})$被变换为

$$(\boldsymbol{A}^{(1)}\mid\boldsymbol{b}^{(1)})=\begin{bmatrix}1 & a_{12}^{(1)} & \cdots & a_{1n}^{(1)} & \vdots & a_{1,n+1}^{(1)}\\0 & a_{22}^{(1)} & \cdots & a_{2n}^{(1)} & \vdots & a_{2,n+1}^{(1)}\\\vdots & \vdots & \vdots & \vdots & & \vdots\\0 & a_{n2}^{(1)} & \cdots & a_{nn}^{(1)} & \vdots & a_{n,n+1}^{(1)}\end{bmatrix}$$

2. 第二次消元

设 $a_{22}^{(1)}\neq0$，对于 $j=2,3,\cdots,n,n+1$ 计算

$$a_{2j}^{(2)}=a_{2j}^{(1)}/a_{22}^{(1)}$$

对于 $i=3,4,\cdots,n$ 计算

$$a_{ij}^{(2)}=a_{ij}^{(1)}-a_{i2}^{(1)}\cdot a_{2j}^{(2)}$$

式中：$j=2,3,\cdots,n,n+1$。第二步计算完毕，增广矩阵 $(\boldsymbol{A}^{(1)}\mid\boldsymbol{b}^{(1)})$ 被变换为

$$(\boldsymbol{A}^{(2)}\mid\boldsymbol{b}^{(2)})=\left[\begin{array}{cccccc:c}1 & a_{12}^{(1)} & a_{13}^{(1)} & \cdots & a_{1n}^{(1)} & a_{1,n+1}^{(1)}\\ 0 & 1 & a_{23}^{(2)} & \cdots & a_{2n}^{(2)} & a_{2,n+1}^{(2)}\\ 0 & 0 & a_{33}^{(2)} & \cdots & a_{3n}^{(2)} & a_{3,n+1}^{(2)}\\ \vdots & \vdots & \vdots & & \vdots & \vdots\\ 0 & 0 & a_{n3}^{(2)} & \cdots & a_{nn}^{(2)} & a_{n,n+1}^{(2)}\end{array}\right]$$

如此继续计算下去，第 $k-1$ 次消元结束后就得到增广矩阵

$$(A^{(k-1)}\mid b^{(k-1)})=\left[\begin{array}{ccccccc|c}1 & a_{12}^{(1)} & a_{13}^{(1)} & \cdots & & \cdots & a_{1n}^{(1)} & a_{1,n+1}^{(1)}\\ & 1 & a_{23}^{(2)} & \cdots & & \cdots & a_{2n}^{(2)} & a_{2,n+1}^{(2)}\\ & & \ddots & & & & \vdots & \vdots\\ & & & 1 & a_{k-1,k}^{(k-1)} & \cdots & a_{k-1,n}^{(k-1)} & a_{k-1,n+1}^{(k-1)}\\ & & & & a_{kk}^{(k-1)} & \cdots & a_{kn}^{(k-1)} & a_{k,n+1}^{(k-1)}\\ & & & & \vdots & & \vdots & \vdots\\ & & & & a_{nk}^{(k-1)} & \cdots & a_{nn}^{(k-1)} & a_{n,n+1}^{(k-1)}\end{array}\right]\tag{4-3}$$

3. 第 k 次消元$(1\leqslant k\leqslant n)$

设 $a_{kk}^{(k-1)}\neq 0$，对于 $j=k,k+1,\cdots,n,n+1$ 计算

$$a_{kj}^{(k)}=a_{kj}^{(k-1)}/a_{kk}^{(k-1)}\tag{4-4}$$

对于 $i=k+1,k+2,\cdots,n$ 计算

$$a_{ij}^{(k)}=a_{ij}^{(k-1)}-a_{ik}^{(k-1)}\cdot a_{kj}^{(k)}\tag{4-5}$$

式中：$j=k,k+1,\cdots,n,n+1$。当 $k=n$，即第 n 次消元后增广矩阵为

$$(\boldsymbol{A}^{(n)}\mid\boldsymbol{b}^{(n)})=\left[\begin{array}{ccccc|c}1 & a_{12}^{(1)} & a_{13}^{(1)} & \cdots & a_{1n}^{(1)} & a_{1,n+1}^{(1)}\\ & 1 & a_{23}^{(2)} & \cdots & a_{2n}^{(2)} & a_{2,n+1}^{(2)}\\ & & \ddots & & \vdots & \vdots\\ & & & & 1 & a_{n,n+1}^{(n)}\end{array}\right]\tag{4-6}$$

到此，消元过程结束。下面求解三角形方程组

$$\boldsymbol{A}^{(n)}\boldsymbol{x}=\boldsymbol{b}^{(n)}\tag{4-7}$$

式中：$\boldsymbol{A}^{(n)}$，$\boldsymbol{b}^{(n)}$ 如(4-6)式中所示。首先求出 $x_n=a_{n,n+1}^{(n)}$，然后依次求出 x_{n-1}，x_{n-2}，$\cdots$，x_1，这一过程称为回代过程。顺序消去法的一般过程如下：

消元过程：对于 $k=1,2,\cdots,n$，执行

设 $a_{kk}^{(k-1)}\neq 0$，对于 $j=k,k+1,\cdots,n,n+1$ 计算

$$a_{kj}^{(k)}=a_{kj}^{(k-1)}/a_{kk}^{(k-1)} \tag{4-8}$$

对于 $i=k+1,k+2,\cdots,n$,计算

$$a_{ij}^{(k)}=a_{ij}^{(k-1)}-a_{ik}^{(k-1)}\cdot a_{kj}^{(k)} \tag{4-9}$$

式中:$j=k+1,k+2,\cdots,n,n+1$

回代过程:

$$\begin{cases} x_n=a_{n,n+1}^{(n)} \\ x_k = a_{k,n+1}^{(k)}-\sum\limits_{j=k+1}^{n}a_{kj}^{(k)}x_j, \quad k=n-1,n-2,\cdots,1 \end{cases} \tag{4-10}$$

顺序消去法计算过程中的 $a_{kk}^{(k-1)}(k=1,2,\cdots,n)$称为**主元素**。要使顺序消去法按自然顺序进行消元,必须要求主元素均不等于零。理论上,当系数矩阵 A 的顺序主子式均不为零时就能保证主元素 $a_{kk}^{(k-1)}\neq 0,(k=1,2,\cdots,n)$。实际计算时,如果出现某个$|a_{kk}^{(k-1)}|$很小时,用它作除数就会因舍入误差的扩散使近似解严重失真,选主元素的高斯消去法就是为控制舍入误差而设计的。

4.1.2 列主元素高斯(Gauss)消去法

为了加深对选主元素重要性的认识,我们考查下面的例子。

例 4.2 在五位十进制的限制下,用顺序消去法求解以下线性方程组

$$\begin{cases} 0.0003x_1+3x_2=2.0001 \\ x_1+x_2=1 \end{cases} \tag{4-11}$$

其准确解为:$x_1=\dfrac{1}{3}$,$x_2=\dfrac{2}{3}$。现在用顺序消去法求解。第一次消元后得到

$$\begin{cases} x_1+10000x_2=6667 \\ \quad\quad -9999x_2=-6666 \end{cases}$$

求得的近似解为 $x_1=0.00003$,$x_2=0.66667$。与准确值比较结果严重失真,这是由于用很小的数作除数,使舍入误差扩散所造成的。现在,我们在消元前先交换两个方程的位置。

$$\begin{cases} x_1+x_2=1 \\ 0.0003x_1+3x_2=2.0001 \end{cases}$$

对此方程消元得三角形方程组

$$\begin{cases} x_1+x_2=1 \\ 2.9997x_2=1.9998 \end{cases}$$

求得 $x_1=0.33333$,$x_2=0.66667$,结果和准确解非常接近。

已知交换方程组(4-1)中任意二个方程的位置不会影响方程组的解。选列

主元素的高斯消去法(以下简称为列主元消去法)就是从这一点出发的。简单地说,列主元消去法就是在进行第 k 次消元前先选出 $a_{ik}^{(k-1)}(i=k,k+1,\cdots,n)$ 中绝对值最大的元素作为主元素(用下划线标注),并把它所在的行与第 k 行对换后,使该元素位于第 k 行第 k 列位置上再进行消元过程。

列主元高斯消去法的具体计算步骤如下

1. 消元过程

对 $k=1,2,\cdots,n$ 进行如下运算

(1)选列主元素。对确定的 k,求取 r,使

$$|a_{rk}^{(k-1)}|=\max_{k\leqslant i\leqslant n}\{|a_{ik}^{(k-1)}|\} \tag{4-12}$$

如果 $a_{rk}^{(k-1)}=0$,说明系数矩阵是奇异的,则停止计算,否则转入下一步;

(2)交换增广矩阵$(\boldsymbol{A}^{(k-1)}|\boldsymbol{b}^{(k-1)})$中的 r,k 两行的位置;

(3)利用公式(4-8)和(4-9)进行第 k 次消元计算。

2. 回代过程

利用公式(4-10)进行回代过程的计算。

例 4.3　用列主元高斯消去法解方程组

$$\begin{cases}12x_1-3x_2+3x_3=15 & (1)\\ -18x_1+3x_2-x_3=-15 & (2)\\ x_1+x_2+x_3=6 & (3)\end{cases}$$

取四位有效数字计算。

解　对原方程组第 1 列消元时,(2)中 x_1 的系数 -18 的绝对值最大,选作为主元(用下划线标注),交换(2)和(1)得

$$\text{Ⅰ}\begin{cases}\underline{-18}x_1+3x_2-x_3=-15 & (1)\\ 12x_1-3x_2+3x_3=15 & (2)\\ x_1+x_2+x_3=6 & (3)\end{cases}$$

对方程组Ⅰ,(2)+(1)$\times\dfrac{12}{18}$,(3)+(1)$\times\dfrac{1}{18}$得

$$\text{Ⅰ}'\begin{cases}\underline{-18}x_1+3x_2-x_3=-15 & (1)\\ -x_2+2.333x_3=5.000 & (2)\\ 1.167x_2+0.944x_3=5.167 & (3)\end{cases}$$

第 2 列消元时,选主元为 1.167,交换方程组Ⅰ′的(2)和(3),得

$$\text{Ⅱ}\begin{cases}\underline{-18}x_1+3x_2-x_3=-15 & (1)\\ \underline{1.167}x_2+0.944x_3=5.167 & (2)\\ -x_2+2.333x_3=5.000 & (3)\end{cases}$$

对方程组Ⅱ,(3)+(2)×$\frac{1}{1.167}$得

$$
\text{Ⅱ}' \begin{cases} \underline{-18}x_1 + 3x_2 - x_3 = -15 & (1) \\ \underline{1.167}x_2 + 0.944x_3 = 5.167 & (2) \\ \underline{3.142}x_3 = 9.428 & (3) \end{cases}
$$

方程组Ⅱ′第 3 列的主元为 3.142。回代求得

$$
x_1 = 1.000, \quad x_2 = 2.000, \quad x_3 = 3.001
$$

该方程组的实际解为

$$
x_1 = 1, \quad x_2 = 2, \quad x_3 = 3
$$

所谓全主元素消去法就是在第 k 次消元前先从子块$(a_{rj}^{(k-1)})_{k\times k}(i,j=k,k+1,\cdots,n)$中选出其元素中绝对值最大者作为主元素。这样不仅涉及子块中行与行之间的互换,若绝对值最大的元素不在第 k 列,则还涉及矩阵 $\boldsymbol{A}^{(k-1)}$ 的列的互换,这样解向量各分量的位置也将发生相应的变动。在程序中需设置专门的向量来记录这种列的互换,以便将解向量各个分量调整到正确的位置上,相应的程序就比列主元消去法复杂。由于实际应用中较多地采用列主元消去法,所以我们不再对全主元素消去法作详细的介绍。

4.2 三角分解法

4.2.1 克洛特(Crout)分解法

高斯消去法实际上就是利用矩阵的初等行变换解线性方程组。矩阵的初等行变换可以用左乘初等阵来实现,初等阵是可逆的,记所有这些左乘的初等阵的乘积为 L^{-1},则顺序消去法可以写成矩阵形式

$$
\boldsymbol{L}^{-1}(\boldsymbol{A}|\boldsymbol{b}) = (\boldsymbol{A}^{(n)}|\boldsymbol{b}^{(n)})
$$

式中:$\boldsymbol{A}^{(n)}$ 是一个上三角矩阵,且主对角线上元素均为 1,我们称这样的上三角阵为**单位上三角阵**,记为 $\boldsymbol{U}$,即 $\boldsymbol{U}=\boldsymbol{A}^{(n)}$,于是有

$$
\boldsymbol{A} = \boldsymbol{L}\boldsymbol{U} \tag{4-13}
$$

式中:$\boldsymbol{L}$ 是一个下三角阵,$\boldsymbol{U}$ 是一个单位上三角阵。即

$$
\boldsymbol{L} = \begin{bmatrix} l_{11} & & & \\ l_{21} & l_{22} & & \\ \vdots & \vdots & \ddots & \\ l_{n1} & l_{n2} & \cdots & l_{nn} \end{bmatrix}, \quad \boldsymbol{U} = \begin{bmatrix} 1 & u_{12} & u_{13} & \cdots & u_{1n} \\ & 1 & u_{23} & \cdots & u_{2n} \\ & & & & \vdots \\ & & & \ddots & \\ & & & & 1 \end{bmatrix}
$$

(4-13)称为系数矩阵 $\boldsymbol{A}$ 的**直接三角分解式**,简称为 $\boldsymbol{A}$ 的 **$\boldsymbol{LU}$ 分解**,$\boldsymbol{L}$ 和 $\boldsymbol{U}$ 的元素 l_{ij} 和 u_{ij} 可以由矩阵乘法的法则来确定。矩阵乘法公式为

$$a_{ij}=\sum_{k=1}^{n} l_{ik}u_{kj}$$

注意到 $l_{i,i+1}=l_{i,i+2}=\cdots=l_{in}=0$; $u_{jj}=1$, $u_{j+1,\,j}=u_{j+2,j}=\cdots=u_{nj}=0$

上式可写为

$$a_{ij}=\sum_{k=1}^{\min(i,j)} l_{ik}u_{kj}$$

当 $\min(i,j)=j$ 时,

$$a_{ij}=\sum_{k=1}^{j-1} l_{ik}u_{kj}+l_{ij}$$

当 $\min(i,j)=i$ 时,

$$a_{ij}=\sum_{k=1}^{i-1} l_{ik}u_{kj}+l_{ii}u_{ij}$$

将以上两式整理即得到求 $\boldsymbol{L}$ 和 $\boldsymbol{U}$ 的元素的公式

$$\begin{cases} l_{ij}=a_{ij}-\displaystyle\sum_{k=1}^{j-1} l_{ik}u_{kj}, \quad i=j,j+1,\cdots,n & (4\text{-}14)\\ u_{ij}=\left(a_{ij}-\displaystyle\sum_{k=1}^{i-1} l_{ik}u_{kj}\right)\Big/ l_{ii}, \quad j=i+1,i+2,\cdots,n & (4\text{-}15)\end{cases}$$

这两个公式的计算次序是用公式(4-14)计算 $\boldsymbol{L}$ 阵的第 k 列,用公式(4-15)计算 $\boldsymbol{U}$ 阵的第 k 行,用公式(4-14)计算出 $\boldsymbol{L}$ 阵的第 $k+1$ 列,用公式(4-15)计算 $\boldsymbol{U}$ 的第$k+1$行,如此交叉进行如图 4-1 所示。下面我们以三阶矩阵为例给出记忆公式(4-14)和(4-15)的方法,并把 $\boldsymbol{L}$ 和 $\boldsymbol{U}$ 的元素及其算式排列成表 4-1 的形式。

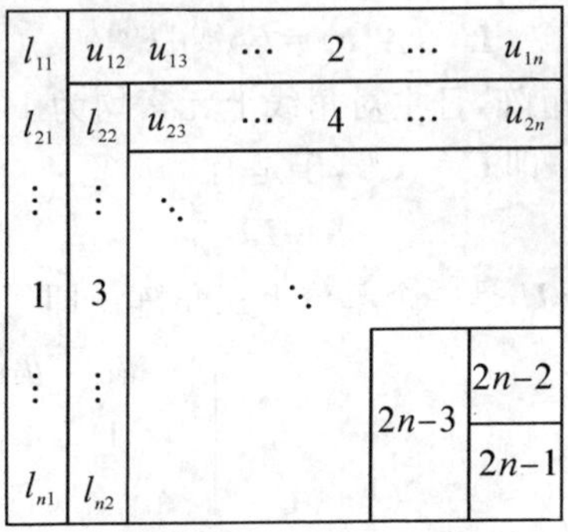

图 4-1　$\boldsymbol{LU}$ 分解的次序

表 4-1

$l_{11}=a_{11}$	$u_{12}=a_{12}/a_{11}$	$u_{13}=a_{13}/a_{11}$	2
$l_{21}=a_{21}$	$l_{22}=a_{22}-l_{21}u_{12}$	$u_{23}=(a_{23}-l_{21}u_{13})/l_{22}$	4
$l_{31}=a_{31}$	$l_{32}=a_{32}-l_{31}u_{12}$	$l_{33}=a_{33}-l_{31}u_{13}-l_{32}u_{23}$	
1	3	5	

将公式(4-14)、(4-15)和表 4-1 对照起来看，**L** 和 **U** 的元素的算法就十分清楚了。**L** 的元素 l_{ij} 等于 **A** 的对应元素 a_{ij} 逐个减去同行左边的元素 l_{ik} 与上面 **U** 的同列元素 u_{kj} 的乘积，一直减到左边的元素与上面的元素不能配对相乘为止。**U** 的元素的算法基本上与 **L** 元素的算法一样，只是最后需除以同行 **L** 的对角元素。

根据矩阵 **A** 的 **LU** 分解，方程组 $\boldsymbol{Ax}=\boldsymbol{b}$ 可写成

$$\boldsymbol{L}(\boldsymbol{Ux})=\boldsymbol{b}$$

若令 $\boldsymbol{Ux}=\boldsymbol{y}$，则得 $\boldsymbol{Ly}=\boldsymbol{b}$。于是方程组(4-1)的求解可分两步进行。

1. 先求解三角形方程组 $\boldsymbol{Ly}=\boldsymbol{b}$，即

$$\begin{cases} l_{11}y_1=b_1 \\ l_{21}y_1+l_{22}y_2=b_2 \\ \vdots \quad \vdots \quad \ddots \\ l_{n1}y_1+l_{n2}y_2+\cdots+l_{nn}y_n=b_n \end{cases} \tag{4-16}$$

由自上而下的顺序解出 y_i，其计算公式为

$$y_1=b_1/l_{11},\quad y_i=\left(b_i-\sum_{k=1}^{i-1}l_{ik}y_k\right)\Big/l_{ii},\quad i=2,\cdots,n-1,n \tag{4-17}$$

2. 再求解三角形方程组 $\boldsymbol{Ux}=\boldsymbol{y}$，即

$$\begin{cases} x_1+u_{12}x_2+u_{13}x_3+\cdots+u_{1,n-1}x_{n-1}+u_{1n}x_n=y_1 \\ \qquad x_2+u_{23}x_3+\cdots+u_{2,n-1}x_{n-1}+u_{2n}x_n=y_2 \\ \qquad\qquad \ddots \qquad \vdots \qquad\qquad \vdots \\ \qquad\qquad\qquad x_{n-1}+u_{n-1,n}x_n=y_{n-1} \\ \qquad\qquad\qquad\qquad x_n=y_n \end{cases} \tag{4-18}$$

自下向上逐个回代即可求出方程组(4-1)的解，其计算公式为

$$x_n = y_n, \quad x_i = y_i - \sum_{k=i+1}^{n} u_{ik} x_k, \quad i = n-1, \cdots, 1 \tag{4-19}$$

实际上，在求解方程组时，我们可以对其增广矩阵$(\boldsymbol{A}|\boldsymbol{b})$进行 $\boldsymbol{LU}$ 分解的同样处理，在将系数矩阵 $\boldsymbol{A}$ 分解成 $\boldsymbol{LU}$ 的同时将 $\boldsymbol{b}$ 转换成 $\boldsymbol{y}$，这样就省去了上面讨论的解法的第一步。在用计算机进行计算时，$\boldsymbol{L}$ 的元素可存放在 $\boldsymbol{A}$ 的下三角部分，$\boldsymbol{U}$ 的对角元素均为 1，不必存放，其余元素可存放在 $\boldsymbol{A}$ 的上三角部分，$\boldsymbol{y}$ 可存放在 $\boldsymbol{b}$ 所占据的单元。回代时 $\boldsymbol{x}$ 取代 $\boldsymbol{y}$，仍可存放在最初 $\boldsymbol{b}$ 所占的存贮单元中，因此，在整个计算过程中不需增加新的存贮单元。

例 4.4　已知方程组 $\boldsymbol{Ax}=\boldsymbol{b}$，其中

$$\boldsymbol{A}=\begin{bmatrix} 2 & 4 & 2 & 6 \\ 4 & 5 & -5 & 9 \\ 3 & 8 & 5 & 3 \\ 1 & 5 & 8 & 7 \end{bmatrix}, \quad \boldsymbol{b}=\begin{bmatrix} 6 \\ 15 \\ 3 \\ 3 \end{bmatrix}, \quad \boldsymbol{x}=\begin{bmatrix} x_1 \\ x_2 \\ x_3 \\ x_4 \end{bmatrix}$$

对系数矩阵 $\boldsymbol{A}$ 作 $\boldsymbol{LU}$ 分解并求解线性方程组。

解　利用公式(4-14)，(4-15)及图 4-1 对增广矩阵$(\boldsymbol{A}|\boldsymbol{b})$作 $\boldsymbol{LU}$ 分解的统一处理后得出

$$\left[\begin{array}{c|cccc} l_{11} & u_{12} & u_{13} & u_{14} & y_1 \\ l_{21} & l_{22} & u_{23} & u_{24} & y_2 \\ l_{31} & l_{32} & l_{33} & u_{34} & y_3 \\ l_{41} & l_{42} & l_{43} & l_{44} & y_4 \end{array}\right] = \left[\begin{array}{c|ccc:c} 2 & 2 & 1 & 3 & 3 \\ 4 & -3 & 3 & 1 & -1 \\ 3 & 2 & -4 & 2 & 1 \\ 1 & 3 & -2 & 5 & 1 \end{array}\right]$$

即

$$\boldsymbol{L}=\begin{bmatrix} 2 & & & \\ 4 & -3 & & \\ 3 & 2 & -4 & \\ 1 & 3 & -2 & 5 \end{bmatrix}, \quad \boldsymbol{U}=\begin{bmatrix} 1 & 2 & 1 & 3 \\ & 1 & 3 & 1 \\ & & 1 & 2 \\ & & & 1 \end{bmatrix}, \quad \boldsymbol{y}=\begin{bmatrix} 3 \\ -1 \\ 1 \\ 1 \end{bmatrix}$$

由方程组 $\boldsymbol{Ux}=\boldsymbol{y}$,求得

$$x_4=1,\quad x_3=-1,\quad x_2=1,\quad x_1=-1$$

4.2.2 杜里特尔(Doolittle)分解法

以上介绍的是克洛特(Crout)分解法,如果把 n 阶矩阵 A 分解成单位下三角阵 $\boldsymbol{L}$ 与上三角阵 $\boldsymbol{U}$ 的乘积,即

$$\boldsymbol{A}=\begin{bmatrix} a_{11} & a_{12} & \cdots & a_{1n} \\ a_{21} & a_{22} & \cdots & a_{2n} \\ \vdots & \vdots & & \vdots \\ a_{n1} & a_{n2} & \cdots & a_{nn} \end{bmatrix}=\begin{bmatrix} 1 & & & & \\ l_{21} & 1 & & & \\ \vdots & \vdots & \ddots & 1 & \\ l_{n1} & l_{n2} & \cdots & l_{n,n-1} & 1 \end{bmatrix}\cdot\begin{bmatrix} u_{11} & u_{12} & \cdots & u_{1n} \\ & u_{22} & \cdots & u_{2n} \\ & & \ddots & \vdots \\ & & & u_{nn} \end{bmatrix}=\boldsymbol{LU}$$

则称之为**杜里特尔分解**。矩阵 $\boldsymbol{L}$ 与 $\boldsymbol{U}$ 的元素计算公式为

$$\begin{cases} u_{1j}=a_{1j}, \quad j=1,2,\cdots,n \\ u_{ij}=a_{ij}-\sum\limits_{k=1}^{i-1} l_{ik}u_{kj}, \quad j=i,i+1,\cdots,n; \quad i=2,3,\cdots,n \end{cases} \tag{4-20}$$

$$\begin{cases} l_{i1}=\dfrac{a_{i1}}{u_{11}}, \quad i=2,3,\cdots,n \\ l_{ij}=\left(a_{ij}-\sum\limits_{k=1}^{j-1} l_{ik}u_{kj}\right)\Big/u_{jj}, \quad i=j+1,j+2,\cdots,n; \; j=2,3,\cdots,n \end{cases} \tag{4-21}$$

杜里特尔分解的计算次序是将克洛特分解的次序倒过来。先用公式(4-20)计算 $\boldsymbol{U}$ 的第 k 行,后用公式(4-21)计算 $\boldsymbol{L}$ 的第 k 列;再先算 $\boldsymbol{U}$ 的第 $k+1$ 行,后算 $\boldsymbol{L}$ 的 $k+1$ 列。由于分解过程与克洛特分解法极为相似,我们不再赘述。在矩阵 $\boldsymbol{L}$ 与 $\boldsymbol{U}$ 的元素计算出后,按照 $\boldsymbol{Ly}=\boldsymbol{b}$,$\boldsymbol{Ux}=\boldsymbol{y}$,解这两个方程组,从而求得原方程组(4-1)的解。其计算公式:

$$\begin{cases} y_1=b_1 \\ y_i=b_i-\sum\limits_{k=1}^{i-1} l_{ik}y_k, \quad i=2,3,\cdots,n \\ x_i=\left(y_i-\sum\limits_{k=i+1}^{n} u_{ik}x_k\right)\Big/u_{ii}, \quad i=n-1,\cdots,2,1 \\ x_n=y_n/u_{nn} \end{cases} \tag{4-22}$$

例 4.5　用杜里特尔分解求解例 4.4 的方程组

解

$$A=LU=\begin{pmatrix}1&&&\\l_{21}&1&&\\l_{31}&l_{32}&1&\\l_{41}&l_{42}&l_{43}&1\end{pmatrix}\begin{pmatrix}u_{11}&u_{12}&u_{13}&u_{14}\\&u_{22}&u_{23}&u_{24}\\&&u_{33}&u_{34}\\&&&u_{44}\end{pmatrix},$$

利用公式(4-20)和公式(4-21)计算出矩阵 L 和 U 的元素，得

$$L=\begin{pmatrix}1&&&\\2&1&&\\3/2&-2/3&1&\\1/2&-1&1/2&1\end{pmatrix},\quad U=\begin{pmatrix}2&4&2&6\\&-3&-9&-3\\&&-4&-8\\&&&5\end{pmatrix},$$

这样原方程组 $Ax=b$ 就化为下列两个三角形方程组

(1) $Ly=b$，即

$$\begin{pmatrix}1&&&\\2&1&&\\3/2&-2/3&1&\\1/2&-1&1/2&1\end{pmatrix}\begin{pmatrix}y_1\\y_2\\y_3\\y_4\end{pmatrix}=\begin{pmatrix}6\\15\\3\\3\end{pmatrix}$$

由上至下逐步递推求得 $y_1=6, y_2=3, y_3=-4, y_4=5$。

(2) $Ux=y$，　即

$$\begin{pmatrix}2&4&2&6\\&-6&-9&-3\\&&-4&-8\\&&&5\end{pmatrix}\begin{pmatrix}x_1\\x_2\\x_3\\x_4\end{pmatrix}=\begin{pmatrix}6\\3\\-4\\5\end{pmatrix}$$

由下至上逐步递推求得原方程组的解 $x_4=1, x_3=-1, x_2=1, x_1=-1$。

以上算法和高斯消去法是等价的。为避开小主元素也可以采用选列主元素的技术，其计算步骤与选主元素的高斯消去法是类同的。克洛特分解和杜里特尔分解统称为**直接三角分解法**。

4.2.3　平方根法

有些实际问题所归结出的线性方程组，其系数矩阵是对称正定的。对于这类方程组，直接三角分解法还可以简化。

设 $\boldsymbol{A}$ 为 n 阶对称正定矩阵，且各阶顺序主子式大于零，则 $\boldsymbol{A}$ 可分解为

$$\boldsymbol{A}=\boldsymbol{L}\cdot\boldsymbol{L}^{\mathrm{T}} \tag{4-23}$$

式中：

$$\boldsymbol{L}=\begin{bmatrix} l_{11} & & & \\ l_{21} & l_{22} & & \\ \vdots & \vdots & \ddots & \\ l_{n1} & l_{n2} & \cdots & l_{nn} \end{bmatrix}$$

用直接分解法，可得到

$$l_{ij}=\left(a_{ij}-\sum_{k=1}^{j-1}l_{ik}l_{jk}\right)\Big/l_{jj},\quad j=1,2,\cdots,i-1;\ i=j+1,j+2,\cdots,n \tag{4-24}$$

$$l_{ii}=\sqrt{a_{ii}-\sum_{k=1}^{i-1}l_{ik}^{2}},\quad i=1,2,\cdots,n \tag{4-25}$$

从公式(4-25)可见，计算 $\boldsymbol{L}$ 的对角元素 l_{ii} 要用到开平方运算，所以此法通常称为平方根法，也叫做**乔累斯基(Cholesky)分解法**。由于平方根法利用了 $\boldsymbol{A}$ 的对称性，其存贮单元及计算量都只有直接三角分解法的一半左右，故这种简化具有实际价值。

根据 $\boldsymbol{A}$ 的 $\boldsymbol{L}\cdot\boldsymbol{L}^{\mathrm{T}}$ 分解，方程组的求解便转化成解两个三角形方程组：

1. 先解 $\boldsymbol{L}\boldsymbol{y}=\boldsymbol{b}$，即

$$y_1=b_1/l_{11},\quad y_i=\left(b_i-\sum_{k=1}^{i-1}l_{ik}y_k\right)\Big/l_{ii},\quad i=2,\cdots,n \tag{4-26}$$

2. 再解 $\boldsymbol{L}^{\mathrm{T}}\boldsymbol{x}=\boldsymbol{y}$，即

$$x_n=y_n/l_{nn},\quad x_i=\left(y_i-\sum_{k=i+1}^{n}l_{ki}x_k\right)\Big/l_{ii},\quad i=n-1,\cdots,2,1 \tag{4-27}$$

值得注意的是：如果系数矩阵 A 不具备正定条件；则(4-25)式中的被开方数可能出现负数，这时开方运算就不能进行。所以，在使用平方根法时必须注意验明系数矩阵是正定的。

我们用例 4.6 来说明平方根法的求解步骤。

例 4.6　利用平方根法求解下列方程组

$$\begin{bmatrix}1 & 2 & 1\\ 2 & 8 & 4\\ 1 & 4 & 6\end{bmatrix}\begin{bmatrix}x_1\\ x_2\\ x_3\end{bmatrix}=\begin{bmatrix}0\\ -2\\ 3\end{bmatrix}$$

解　首先检验系数矩阵的对称正定性，这可以通过计算其各阶顺序主子式是否大于零来判断。

$$a_{11}=1>0,\quad \begin{vmatrix}1 & 2\\ 2 & 8\end{vmatrix}=8-4>0,\quad \begin{vmatrix}1 & 2 & 1\\ 2 & 8 & 4\\ 1 & 4 & 6\end{vmatrix}=16>0$$

所以系数矩阵是对称正定的。其系数矩阵记为 $\boldsymbol{A}$，平方根法分以下三步：

(1)分解：$\boldsymbol{A}=\boldsymbol{L}\boldsymbol{L}^{\mathrm{T}}$

由公式(4-24)和(4-25)计算 $\boldsymbol{L}$ 矩阵的各元素：

$$l_{11}=\sqrt{a_{11}}=\sqrt{1}=1$$

$$l_{21}=(a_{21}-0)/l_{11}=2/1=2$$

$$l_{22}=\sqrt{a_{22}-l_{21}^2}=\sqrt{8-2^2}=2$$

$$l_{31}=(a_{31}-0)/l_{11}=1/1=1$$

$$l_{32}=(a_{32}-l_{31}l_{21})/l_{22}=(4-1\times 2)/2=1$$

$$l_{33}=\sqrt{a_{33}-(l_{31}^2+l_{32}^2)}=\sqrt{6-(1^2+1^2)}=2$$

即

$$\boldsymbol{L}=\begin{bmatrix}1 & & \\ 2 & 2 & \\ 1 & 1 & 2\end{bmatrix}.$$

(2)求解三角形方程组 $\boldsymbol{L}\boldsymbol{y}=\boldsymbol{b}$

利用公式(4-26)计算

$$y_1=b_1/l_{11}=0/1=0$$

$$y_2=(b_2-l_{21}y_1)/l_{22}=(-2-2\times 0)/2=-1$$

$y_3=[b_3-(l_{31}y_1+l_{32}y_2)]/l_{33}=[3-(1\times0+1\times(-1))]/2=2$

即解得 $y_1=0$， $y_2=-1$， $y_3=2$。

(3)求解三角形方程组 $\boldsymbol{L}^{\mathrm{T}}\boldsymbol{x}=\boldsymbol{y}$

利用公式(4-27)得

$x_3=y_3/l_{33}=2/2=1$

$x_2=(y_2-l_{32}x_3)/l_{22}=(-1-1\times1)/2=-1$

$x_1=[y_1-(l_{21}x_2+l_{31}x_3)]/l_{11}=[0-(2\times(-1)+1\times1)]/1=1$

所以，$x_1=1$， $x_2=-1$， $x_3=1$ 是该方程组的解。

4.2.4 改进平方根法

实际中解决工程问题时，有时会得到的是一个系数矩阵为对称，但不一定是正定的线性方程组。平方根法的计算中含有开方运算，为了避免开方运算和求解对称(未必正定)的方程组，有必要对它进行改进，即所谓**改进平方根法**。

若 $\boldsymbol{A}$ 为 n 阶对称矩阵，则有唯一的分解式

$$\boldsymbol{A}=\boldsymbol{LDL}^{\mathrm{T}} \tag{4-28}$$

式中：$\boldsymbol{L}$ 为单位下三角阵；$\boldsymbol{D}$ 为对角阵。

$$\boldsymbol{L}=\begin{bmatrix}1 & & & & \\ l_{21} & 1 & & & \\ l_{32} & l_{32} & 1 & & \\ \vdots & \vdots & & \ddots & \\ l_{n1} & l_{n2} & \cdots & l_{n,n-1} & 1\end{bmatrix},\quad \boldsymbol{D}=\begin{bmatrix}d_1 & & & \\ & d_2 & & \\ & & \ddots & \\ & & & d_n\end{bmatrix}$$

类似于前面的讨论，由矩阵乘法规则可得

$$l_{ij}=\left(a_{ij}-\sum_{k=1}^{j-1}l_{ik}d_kl_{jk}\right)\Big/d_j,\quad \begin{cases}j=1,2,\cdots,i-1\\ i=j+1,j+2,\cdots,n\end{cases} \tag{4-29}$$

$$d_i=a_{ii}-\sum_{k=1}^{i-1}d_kl_{ik}^2,\quad i=1,2,\cdots,n \tag{4-30}$$

由这两个公式求得矩阵 $\boldsymbol{L}$、$\boldsymbol{D}$ 的元素后，线性方程组(4-1)的矩阵形式就转化为

$$\boldsymbol{LDL}^{\mathrm{T}}\boldsymbol{x}=\boldsymbol{b}$$

令
$$DL^{T}x=y$$
则有
$$Ly=b \tag{4-31}$$
$$L^{T}x=D^{-1}y \tag{4-32}$$
(4-31)式,(4-32)式是两个三角形方程组,可以用逐步递推的方法求得其解,其具体计算公式为

$$\begin{cases} y_1=b_1, \\ y_i=b_i-\sum_{k=1}^{i-1}l_{ik}y_k, \quad i=2,3,\cdots,n \end{cases} \tag{4-33}$$

$$\begin{cases} x_n=y_n/d_n, \\ x_i=y_i/d_i-\sum_{k=i+1}^{n}l_{ki}x_k, \quad i=n-1,\cdots,2,1 \end{cases} \tag{4-34}$$

例 4.7　用改进平方根法求解下列方程组

$$\begin{bmatrix} 16 & 4 & 8 \\ 4 & 5 & -4 \\ 8 & -4 & 22 \end{bmatrix}\begin{bmatrix} x_1 \\ x_2 \\ x_3 \end{bmatrix}=\begin{bmatrix} -4 \\ 3 \\ 10 \end{bmatrix}$$

解　利用改进平方根法公式(4-28)写出

$$A=\begin{bmatrix} 16 & 4 & 8 \\ 4 & 5 & -4 \\ 8 & -4 & 22 \end{bmatrix}=\begin{bmatrix} 1 & & \\ l_{21} & 1 & \\ l_{31} & l_{32} & 1 \end{bmatrix}\begin{bmatrix} d_1 & & \\ & d_2 & \\ & & d_3 \end{bmatrix}\begin{bmatrix} 1 & l_{21} & l_{31} \\ & 1 & l_{32} \\ & & 1 \end{bmatrix}$$

由(4-29)式和(4-30)式计算出

$$d_1=16, \quad d_1l_{21}=4, \quad l_{21}=\frac{1}{4}, \quad d_1l_{31}=8, \quad l_{31}=\frac{1}{2}$$

$$d_2=5-d_1l_{21}^2=4, \quad d_2l_{32}=-4-d_1l_{21}l_{31}, \quad l_{32}=-\frac{3}{2}, \quad d_3=9$$

故有

$$L=\begin{bmatrix} 1 & & \\ \frac{1}{4} & 1 & \\ \frac{1}{2} & -\frac{3}{2} & 1 \end{bmatrix}, \quad D=\begin{bmatrix} 16 & & \\ & 4 & \\ & & 9 \end{bmatrix}$$

解 $\boldsymbol{Ly}=\boldsymbol{b}$,即解

$$\begin{bmatrix} 1 & & \\ \frac{1}{4} & 1 & \\ \frac{1}{2} & -\frac{3}{2} & 1 \end{bmatrix}\begin{bmatrix} y_1 \\ y_2 \\ y_3 \end{bmatrix}=\begin{bmatrix} -4 \\ 3 \\ 10 \end{bmatrix}$$

由逐步递推求得

$$\boldsymbol{y}=\begin{bmatrix} -4 \\ 4 \\ 18 \end{bmatrix}$$

解 $\boldsymbol{L}^{\mathrm{T}}\boldsymbol{x}=\boldsymbol{D}^{-1}\boldsymbol{y}$，即解

$$\begin{bmatrix} 1 & \frac{1}{4} & \frac{1}{2} \\ & 1 & -\frac{3}{2} \\ & & 1 \end{bmatrix}\begin{bmatrix} x_1 \\ x_2 \\ x_3 \end{bmatrix}=\begin{bmatrix} -\frac{1}{4} \\ 1 \\ 2 \end{bmatrix}$$

得原方程组的解为

$$\boldsymbol{x}=\begin{bmatrix} -\frac{9}{4} & 4 & 2 \end{bmatrix}^{\mathrm{T}}$$

4.2.5 实三对角线性方程组的追赶法

在三次样条插值或用差分法解常微分方程初值问题时，常会遇到下列形式的方程组：

$$\begin{bmatrix} b_1 & c_1 & & & & \\ a_2 & b_2 & c_2 & & & \\ & a_3 & b_3 & c_3 & & \\ & & \ddots & \ddots & \ddots & \\ & & & a_{n-1} & b_{n-1} & c_{n-1} \\ & & & & a_n & b_n \end{bmatrix}\begin{bmatrix} x_1 \\ x_2 \\ x_3 \\ \vdots \\ x_{n-1} \\ x_n \end{bmatrix}=\begin{bmatrix} e_1 \\ e_2 \\ e_3 \\ \vdots \\ e_{n-1} \\ e_n \end{bmatrix} \tag{4-35}$$

其元素 a_k, b_k, c_k 满足

$$|b_1|>|c_1|>0$$

$$|b_k|\geqslant|a_k|+|c_k|，且\ a_kc_k\neq0,\quad k=2,3,\cdots,n-1$$

$$|b_n|>|a_n|>0$$

方程组(4-35)的矩阵形式为

$$\boldsymbol{Ax}=\boldsymbol{e}$$

式中系数矩阵 **A** 是一种特殊的稀疏矩阵，称为三对角矩阵，其线性方程组称为三对角线性方程组。由于实三对角线性方程组的系数矩阵为非奇异阵，故方程组(4-35)有唯一的一组解。

下面利用矩阵的直接三角分解法来推导方程组(4-35)的计算公式，首先将其系数矩阵 **A** 分解为两个三角阵的乘积

$$\boldsymbol{A}=\boldsymbol{L}\boldsymbol{U}$$

式中：

$$\boldsymbol{L}=\begin{bmatrix}\eta_1 & & & & \\ \gamma_2 & \eta_2 & & & \\ & \gamma_3 & \eta_3 & & \\ & & \ddots & \ddots & \\ & & & \gamma_n & \eta_n\end{bmatrix},\quad \boldsymbol{U}=\begin{bmatrix}1 & \xi_1 & & & & \\ & 1 & \xi_2 & & & \\ & & 1 & \xi_3 & & \\ & & & \ddots & \ddots & \\ & & & & \ddots & \xi_{n-1} \\ & & & & & 1\end{bmatrix}$$

再按照矩阵乘法的规则有

$$\begin{aligned}&b_1=\eta_1, \quad c_1=\eta_1\xi_1\\ &a_i=\gamma_i, \quad b_i=\gamma_i\xi_{i-1}+\eta_i, \quad i=2,3,\cdots,n\\ &c_i=\eta_i\xi_i, \quad i=2,3,\cdots,n-1\end{aligned}$$

由此可以推出计算 γ_i,η_i,ξ_i 的公式

$$\begin{cases}\gamma_i=a_i, \quad i=2,3,\cdots,n\\ \eta_1=b_1\\ \eta_i=b_i-\gamma_i\xi_{i-1}, \quad i=2,3,\cdots,n\\ \xi_1=c_1/b_1\\ \xi_i=c_i/\eta_i, \quad i=2,3,\cdots,n-1\end{cases} \tag{4-36}$$

这样，求解方程组(4-35)就转化为求解两个三角形方程组

$$\boldsymbol{L}\boldsymbol{y}=\boldsymbol{e}, \quad \boldsymbol{U}\boldsymbol{x}=\boldsymbol{y}$$

求解公式为

$$\begin{cases}y_1=e_1/b_1\\ y_j=(e_j-\gamma_j y_{j-1})/\eta_j, \quad j=2,3,\cdots,n\\ x_n=y_n\\ x_i=y_i-\xi_i x_{i+1}, \quad i=n-1,n-2,\cdots,2,1\end{cases} \tag{4-37}$$

一般将计算 $y_1,y_2,\cdots,y_n$ 的过程称为**追**，将计算 $x_n,x_{n-1},\cdots,x_1$ 的过程称为**赶**，所以此法叫做**追赶法**。

例 4.8 试用追赶法求解下列方程组

$$\begin{bmatrix} -4 & 1 & & \\ 1 & -4 & 1 & \\ & 1 & -4 & 1 \\ & & 1 & -4 \end{bmatrix}\begin{bmatrix} x_1 \\ x_2 \\ x_3 \\ x_4 \end{bmatrix}=\begin{bmatrix} 1 \\ 1 \\ 1 \\ 1 \end{bmatrix}$$

解 利用计算公式(4-36)求得

$$\gamma_i=a_i=1,\quad i=2,3,4$$

$$\eta_1=b_1=-4,\qquad \xi_1=c_1/b_1=-1/4$$

$$\eta_2=b_2-\gamma_2\xi_1=-4+\frac{1}{4}=-\frac{15}{4},\quad \xi_2=c_2/\eta_2=-\frac{4}{15}$$

$$\eta_3=-\frac{56}{15},\qquad \xi_3=-\frac{15}{56}$$

$$\eta_4=-\frac{209}{56}$$

利用公式(4-37)求得

$$y_1=-1/4,\quad y_2=-1/3,\quad y_3=-\frac{5}{14},\quad y_4=-\frac{4}{11}$$

$$x_4=-\frac{4}{11},\quad x_3=-\frac{5}{11},\quad x_2=-\frac{5}{11},\quad x_1=-\frac{4}{11}$$

即方程的解为

$$\boldsymbol{x}=\left(-\frac{4}{11},-\frac{5}{11},-\frac{5}{11},-\frac{4}{11}\right)^{\mathrm{T}}$$

本节介绍的追赶法仅适用于三对角方程组的求解,只是由于系数矩阵较简单,所以计算公式也简单,并且计算过程是稳定的。对于这类特殊的方程组,与其他的直接法比较,追赶法具有运算量小和存储量小的优势。

4.3 向量和矩阵的范数

用计算机求解线性代数方程组时,舍入误差的影响是不可避免的。为了对解的近似程度,即误差的大小有个正确的估计,需要引入描述向量和矩阵“大小”的度量概念,称该值为向量与矩阵的范数。即对于每个向量或矩阵按一定的法则规定一个非负实数与之对应,称为范数(或模)

4.3.1　向量范数

我们对于向量长度的概念已经熟悉。例如对向量 $\boldsymbol{\beta}=(x,y,z)\in \mathbf{R}^3$，则其长度为 $\|\boldsymbol{\beta}\|=\sqrt{x^2+y^2+z^2}$。向量范数的概念是对向量长度概念的推广。

定义 4.1　对任一 n 维向量 $\boldsymbol{x}=(x_1,x_2,\cdots,x_n)^{\mathrm{T}}$，若对应非负实数 $\|\boldsymbol{x}\|$ 满足：

(1)非负性：$\|\boldsymbol{x}\|\geqslant 0$，当且仅当 $\boldsymbol{x}=0$ 时，$\|\boldsymbol{x}\|=0$；

(2)齐次性：$\|a\boldsymbol{x}\|=|a|\,\|\boldsymbol{x}\|$；$a\in\mathbf{R}$；

(3)三角不等式：$\|\boldsymbol{x}+\boldsymbol{y}\|\leqslant\|\boldsymbol{x}\|+\|\boldsymbol{y}\|$；$\boldsymbol{x},\boldsymbol{y}\in \mathrm{R}^n$。

则称实数 $\|\boldsymbol{x}\|$ 为向量 $\boldsymbol{x}$ 的**范数**、其中 a 为任一实数，本书只涉及 a 为实数的情况；同样，向量和矩阵均为实向量和实矩阵，且都是有限维的。$\boldsymbol{y}$ 也是一个 n **维向量**。

设 $\boldsymbol{x}=(x_1,x_2,\cdots,x_n)^{\mathrm{T}}$，常用的向量范数有

(1)向量的 1-范数

$$\|\boldsymbol{x}\|_1=|x_1|+|x_2|+\cdots+|x_n|=\sum_{i=1}^{n}|x_i|;$$

(2)向量的 2-范数，也称为欧式范数

$$\|\boldsymbol{x}\|_2=\sqrt{x_1{}^2+x_2{}^2+\cdots+x_n{}^2}=\sqrt{\sum_{i=1}^{n}x_i{}^2}$$

(3)向量的∞-范数

$$\|\boldsymbol{x}\|_\infty=\max_{1\leqslant i<n}|x_i|。$$

下面仅以 2-范数为例，证明它是满足定义中三个条件的。满足条件(1)是显然的。对任一数 $a\in\mathbf{R}$，有

$$\|a\boldsymbol{x}\|_2=\sqrt{\sum_{i=1}^{n}(ax_i)^2}=\sqrt{a^2\sum_{i=1}^{n}x_i{}^2}$$

$$=|a|\sqrt{\sum_{i=1}^{n}x_i{}^2}=|a|\,\|\boldsymbol{x}\|_2$$

因此满足定义中的条件(2)。

任取向量，$\boldsymbol{x},\boldsymbol{y}\in\mathbf{R}^n$，利用内积的定义和许瓦兹不等式

$$[\boldsymbol{x},\boldsymbol{y}]^2\leqslant[\boldsymbol{x},\boldsymbol{x}][\boldsymbol{y},\boldsymbol{y}]$$

$$\begin{aligned}\|\boldsymbol{x}+\boldsymbol{y}\|_2^2&=[\boldsymbol{x}+\boldsymbol{y},\boldsymbol{x}+\boldsymbol{y}]\\&=[\boldsymbol{x},\boldsymbol{x}]+2[\boldsymbol{x},\boldsymbol{y}]+[\boldsymbol{y},\boldsymbol{y}]\\&=\|\boldsymbol{x}\|_2^2+2[\boldsymbol{x},\boldsymbol{y}]+\|\boldsymbol{y}\|_2^2\end{aligned}$$

$$\leqslant \|\boldsymbol{x}\|_2^2+2\|\boldsymbol{x}\|_2\cdot\|\boldsymbol{y}\|_2+\|\boldsymbol{y}\|_2^2$$
$$=(\|\boldsymbol{x}\|_2+\|\boldsymbol{y}\|_2)^2$$

这表明它满足定义中的条件(3)。

当无需特别指明是哪一种范数时,我们用 $\|\boldsymbol{x}\|_v$ 表示以上三种常用向量范数中的任何一种。其实,它们都是 p-范数的特例。

(4)向量的 p-范数

$$\|\boldsymbol{x}\|_p=\left(\sum_{i=1}^{n}|x_i|^p\right)^{1/p}$$

式中:$p\geqslant 1$。由此可见,对任一个向量我们可以定义无穷多种范数。同一个向量的不同范数,其数值一般也是不同的。例如,$\boldsymbol{x}=(1,-3.5)^{\mathrm{T}}$,那么 $\|\boldsymbol{x}\|_1=9$,$\|\boldsymbol{x}\|_2=\sqrt{35}$,$\|\boldsymbol{x}\|_\infty=5$ 。尽管如此,在同一向量的不同范数之间存在以下的等价性。

设 $\|\boldsymbol{x}\|_a$,$\|\boldsymbol{x}\|_b$ 是两种同一向量范数,则总存在正数 C_1,C_2,使以下不等式成立

$$C_1\|\boldsymbol{x}\|_b\leqslant\|\boldsymbol{x}\|_a\leqslant C_2\|\boldsymbol{x}\|_b,\quad \boldsymbol{x}\in\mathbf{R}^n \tag{4-38}$$

(证明从略)

例 4.9 $\boldsymbol{x}=(3,0,-4,-12,)^{\mathrm{T}}$,计算 $\|\boldsymbol{x}\|_1$,$\|\boldsymbol{x}\|_2$,$\|\boldsymbol{x}\|_\infty$。

解 $\|\boldsymbol{x}\|_1=3+4+12=19$;

$\|\boldsymbol{x}\|_2=\sqrt{3^2+4^2+12^2}=13$;

$\|\boldsymbol{x}\|_\infty=\max\{3,0,4,12\}=12$。

定义了向量的范数,就可以用它来表示向量的误差。设 $\boldsymbol{x}^*$ 是方程组(4-1)的准确解,$\boldsymbol{x}$ 为其近似解,则其绝对误差可表示成 $\|\boldsymbol{x}^*-\boldsymbol{x}\|_v$,其相对误差可表示成 $\|\boldsymbol{x}^*-\boldsymbol{x}\|_v/\|\boldsymbol{x}^*\|_v$ 或 $\|\boldsymbol{x}^*-\boldsymbol{x}\|_v/\|\boldsymbol{x}\|_v$。

4.3.2 矩阵范数

类似于向量范数,可以定义 n 阶方阵 $\boldsymbol{A}$ 的范数。

定义 4.2 设 $\boldsymbol{A}$ 为 n 阶方阵,若对应的非负实数 $\|\boldsymbol{A}\|$ 满足

(1) $\|\boldsymbol{A}\|\geqslant 0$,当且仅当 $\boldsymbol{A}=0$ 时,$\|\boldsymbol{A}\|=0$;

(2)对任一实数 a,$\|a\boldsymbol{A}\|=|a|\,\|\boldsymbol{A}\|$;

(3) $\|\boldsymbol{A}+\boldsymbol{B}\|\leqslant\|\boldsymbol{A}\|+\|\boldsymbol{B}\|$;

(4) $\|\boldsymbol{AB}\|\leqslant\|\boldsymbol{A}\|\,\|\boldsymbol{B}\|$。

则称 $\|\boldsymbol{A}\|$ 为**矩阵 $\boldsymbol{A}$ 的范数**,其中 $\boldsymbol{B}$ 也是 n 阶方阵。

以上(1)~(3)是与向量范数类似的,(4)则是矩阵乘法性质的要求。

设矩阵 $\boldsymbol{A}=(a_{ij}),i,j=1,2,\cdots,n$，常用的矩阵范数有

(1)$\boldsymbol{A}$ 的∞-范数(行范数)：$\|\boldsymbol{A}\|_\infty=\max\limits_{1\leqslant i\leqslant n}\sum\limits_{j=1}^{n}|a_{ij}|$，该范数是行绝对值之和的最大值。

(2)$\boldsymbol{A}$ 的 1-范数(列范数)：$\|\boldsymbol{A}\|_1=\max\limits_{1\leqslant j\leqslant n}\sum\limits_{i=1}^{n}|a_{ij}|$，该范数是列绝对值之和的最大值。

(3)A 的 2-范数(谱范数)：$\|\boldsymbol{A}\|_2=\sqrt{\lambda_1}$　(λ_1 为 $\boldsymbol{A}^{\mathrm{T}}\boldsymbol{A}$ 的最大特征值)。

同样，用 $\|\boldsymbol{A}\|_v$ 表示以上列出的任意一种范数。

在讨论方程组解的误差时，经常会遇到矩阵与向量相乘的情况，并且需要把向量的范数和矩阵的范数联系在一起来考查，所以还要求向量范数与矩阵范数满足以下不等式：

$$\|\boldsymbol{Ax}\|\leqslant\|\boldsymbol{A}\|\ \|\boldsymbol{x}\| \tag{4-39}$$

当(4-39)不等式成立时，便称**矩阵范数** $\|\boldsymbol{A}\|$ 和**向量范数** $\|\boldsymbol{x}\|$ **相容**。

设 $\boldsymbol{x}\in\mathbf{R}^n$，$\boldsymbol{A}$ 是 n 阶方阵，给出一种向量范数 $\|\boldsymbol{x}\|$，相应地定义一种矩阵范数(算子范数)

$$\|\boldsymbol{A}\|=\max_{x\neq 0}\frac{\|\boldsymbol{Ax}\|}{\|\boldsymbol{x}\|} \tag{4-40}$$

容易验证，这样定义的矩阵范数满足相容性条件(4-39)。

例 4.10　设 $\boldsymbol{A}=\begin{pmatrix}1&0&1\\2&2&1\\-1&0&0\end{pmatrix}$，计算 $\|\boldsymbol{A}\|_1$，$\|\boldsymbol{A}\|_2$，$\|\boldsymbol{A}\|_\infty$

解　(1)先计算每列元素的绝对值的和，再根据定义，求出其中最大值。

$$\|\boldsymbol{A}\|_1=\max\{1+2+|-1|,2,1+1\}=4$$

$$(2)\boldsymbol{A}^{\mathrm{T}}\boldsymbol{A}=\begin{pmatrix}6&4&3\\4&4&2\\3&2&2\end{pmatrix},\quad |\boldsymbol{A}^{\mathrm{T}}\boldsymbol{A}-\lambda I|=\begin{vmatrix}6-\lambda&4&3\\4&4-\lambda&2\\3&2&2-\lambda\end{vmatrix}$$

$$=(1-\lambda)(\lambda^2-11\lambda+4)=0$$

解得 λ 的根为 1、$\dfrac{11\pm\sqrt{105}}{2}$，于是

$\lambda_1=\max\left\{1,\dfrac{11\pm\sqrt{105}}{2}\right\}=\dfrac{11+\sqrt{105}}{2}$，所以

$$\|\boldsymbol{A}\|_2=\sqrt{\frac{11+\sqrt{105}}{2}}\approx 3.26$$

(3) 与(1)类似可求出 $\|\boldsymbol{A}\|_\infty=\max\{1+1,2+2+1,|-1|\}=5$

最后指出,矩阵范数也有与向量范数相类似的等价性。

4.4 方程组的性态和矩阵条件数

在实际问题中,线性方程组 $\boldsymbol{Ax}=\boldsymbol{b}$ 中的系数矩阵 $\boldsymbol{A}$ 和右端向量 $\boldsymbol{b}$ 往往是通过观测或其他计算而得到的,常常带有误差,即使求解过程是完全精确进行的,也得不到原方程组的精确解。现在研究,当系数矩阵 $\boldsymbol{A}$ 和右端向量 $\boldsymbol{b}$ 有误差时,是如何影响原方程组解向量 $\boldsymbol{x}$ 的。首先考察一个例子。

例 4.11 设方程组

$$\begin{cases}x_1+x_2=2\\x_1+1.0001x_2=2\end{cases}$$

其准确解为 $x_1=2,x_2=0$。现在让第二个方程的常数项有一个微小的变化。即

$$\begin{cases}x_1+x_2=2\\x_1+1.0001x_2=2.0001\end{cases}$$

这时的准确解变为 $x_1=1,x_2=1$。相比之下解的变化是很大的。像这类由于系数矩阵 $\boldsymbol{A}$ 或右端常数项 $\boldsymbol{b}$ 的微小变化而引起方程组的解变化很大的方程组,通常称之为**病态方程组**

定义 4.3 如果系数矩阵 $\boldsymbol{A}$ 和右端向量 $\boldsymbol{b}$ 的微小变化,引起方程组 $\boldsymbol{Ax}=\boldsymbol{b}$ 解的巨大变化,则称此方程组为“病态”方程组,称矩阵 $\boldsymbol{A}$ 为“病态”矩阵(相对于方程组而言),否则方程组为“良态”方程组,$\boldsymbol{A}$ 为“良态”矩阵。

矩阵的“病态”性质是矩阵本身的特性,下面我们希望找出刻画矩阵“病态”性质的量。

对于线性方程组 $\boldsymbol{Ax}=\boldsymbol{b}$,先假定系数矩阵 $\boldsymbol{A}$ 是准确的,而右端常数项 $\boldsymbol{b}$ 有误差 $\Delta\boldsymbol{b}$,设相应解的改变量为 $\Delta\boldsymbol{x}$,这时方程组变为

$$\boldsymbol{A}(\boldsymbol{x}+\Delta\boldsymbol{x})=\boldsymbol{b}+\Delta\boldsymbol{b}$$

由于 $\boldsymbol{Ax}=\boldsymbol{b}$ 代入上式得到

$$\boldsymbol{A}\Delta\boldsymbol{x}=\Delta\boldsymbol{b}$$

设 $\boldsymbol{A}$ 可逆,则有

$$\Delta\boldsymbol{x}=\boldsymbol{A}^{-1}\Delta\boldsymbol{b}$$

两边取范数

$$\|\Delta\boldsymbol{x}\|=\|\boldsymbol{A}^{-1}\Delta\boldsymbol{b}\|\leqslant\|\boldsymbol{A}^{-1}\|\ \|\Delta\boldsymbol{b}\|$$

再由

$$\|\boldsymbol{b}\|=\|\boldsymbol{Ax}\|\leqslant\|\boldsymbol{A}\|\ \|\boldsymbol{x}\|$$

因 $\|\boldsymbol{x}\| \neq 0$,故得

$$\frac{\|\Delta \boldsymbol{x}\|}{\|\boldsymbol{x}\|} \leqslant \|\boldsymbol{A}^{-1}\| \|\boldsymbol{A}\| \frac{\|\Delta \boldsymbol{b}\|}{\|\boldsymbol{b}\|} \tag{4-41}$$

再假定常数项 $\boldsymbol{b}$ 是准确的,而系数矩阵 $\boldsymbol{A}$ 有误差 $\Delta\boldsymbol{A}$,相应解的误差为 $\Delta\boldsymbol{x}$,则有

$$(\boldsymbol{A}+\Delta\boldsymbol{A})(\boldsymbol{x}+\Delta\boldsymbol{x})=\boldsymbol{b}$$

仍设 $\boldsymbol{A}\boldsymbol{x}=\boldsymbol{b}$,代入上式得

$$\boldsymbol{A}\Delta\boldsymbol{x}=-\Delta\boldsymbol{A}(\boldsymbol{x}+\Delta\boldsymbol{x})$$

由于 $\boldsymbol{A}$ 可逆,两边乘以 $\boldsymbol{A}^{-1}$

$$\Delta\boldsymbol{x}=-\boldsymbol{A}^{-1}\Delta\boldsymbol{A}(\boldsymbol{x}+\Delta\boldsymbol{x})$$

$$\|\Delta\boldsymbol{x}\| \leqslant \|\boldsymbol{A}^{-1}\| \|\Delta\boldsymbol{A}\| \|\boldsymbol{x}+\Delta\boldsymbol{x}\|$$

最后整理得

$$\frac{\|\Delta \boldsymbol{x}\|}{\|\boldsymbol{x}+\Delta\boldsymbol{x}\|} \leqslant \|\boldsymbol{A}^{-1}\| \|\boldsymbol{A}\| \frac{\|\Delta \boldsymbol{A}\|}{\|\boldsymbol{A}\|} \tag{4-42}$$

从(4-41)和(4-42)两式可以看出,量 $\|\boldsymbol{A}^{-1}\| \cdot \|\boldsymbol{A}\|$ 越小,系数矩阵 $\boldsymbol{A}$ 或右端向量 $\boldsymbol{b}$ 的相对误差引起的解的相对误差越小;量 $\|\boldsymbol{A}^{-1}\| \cdot \|\boldsymbol{A}\|$ 越大,系数矩阵 $\boldsymbol{A}$ 或右端向量 $\boldsymbol{b}$ 的相对误差引起的解的相对误差越大。所以线性方程组的解的相对误差由 $\|\boldsymbol{A}^{-1}\| \cdot \|\boldsymbol{A}\|$ 来确定,由此引入矩阵的条件数的概念。

定义 4.4　对非奇异矩阵 $\boldsymbol{A}$,称 $\|\boldsymbol{A}^{-1}\| \cdot \|\boldsymbol{A}\|$ 为矩阵的条件数,记做 $\mathrm{cond}(\boldsymbol{A})$。

条件数与所取的矩阵范数有关。

即

$$\mathrm{cond}(\boldsymbol{A})=\|\boldsymbol{A}^{-1}\| \|\boldsymbol{A}\| \tag{4-43}$$

例 4.12　设

$$\boldsymbol{A}=\begin{bmatrix}1 & 1\\ 1 & 1.0001\end{bmatrix}$$

试计算 $\boldsymbol{A}$ 的行范数条件数 $\mathrm{cond}(\boldsymbol{A})_\infty$

解

$$\boldsymbol{A}^{-1}=\frac{1}{0.0001}\begin{bmatrix}1.0001 & -1\\ -1 & 1\end{bmatrix}$$

$$\mathrm{cond}(\boldsymbol{A})_\infty=\|A^{-1}\|_\infty \cdot \|A\|_\infty \approx 40004$$

由此可见 $\boldsymbol{A}$ 属于“病态”矩阵,实际中,当条件数 $\mathrm{cond}(\boldsymbol{A})$ 接近 1 时,性态是“良态”的;当条件数比 1 大得多时,性态是“病态”的,正交矩阵是最稳定的一类。必须指出,对这类“病态”方程组用本章介绍的直接法得不到理想的结果。

4.5 MATLAB 程序与算例

1. 高斯(Gauss)列主元消去法的 MATLAB 程序

```
function x=magauss2(A,b,flag)
% 用 Gauss 列主元消去法解线性方程组 Ax=b
% x 为未知向量,A 为系数矩阵,b 为方程组右边的向量
% 若 flag=0,则不显示中间过程,否则显示中间过程,默认为 0
if nargin<3,flag=0;end
n=length(b);
for k=1:(n-1) % 选主元
[ap,p]=max(abs(A(k:n,k)));
p=p+k-1;
if   p>k
   t=A(k,:);A(k,:)=A(p,:);A(p,:)=t;
   t=b(k);b(k)=b(p);b(p)=t;
end
% 消元
m=A(k+1:n,k)/A(k,k);
A(k+1:n,k+1:n)=A(k+1:n,k+1:n)-m*A(k,k+1:n);
b(k+1:n)=b(k+1:n)-m*b(k);  A(k+1:n,k)=zeros(n-k,1);
   if flag~=0,Ab=[A,b],end
end
% 回代
x=zeros(n,1);
x(n)=b(n)/A(n,n);
for k=n-1:-1:1
   x(k)=(b(k)-A(k,k+1:n)*x(k+1:n))/A(k,k);
end
```

例 4.13 用高斯列主元消去法求解方程组 $\boldsymbol{Ax}=\boldsymbol{b}$ 的解

$$A=\begin{pmatrix} 2 & -1 & 4 & -3 & 1 \\ -1 & 1 & 2 & 1 & 3 \\ 4 & 2 & 3 & 3 & -1 \\ -3 & 1 & 3 & 2 & 4 \\ 1 & 3 & -1 & 4 & 4 \end{pmatrix},\quad b=\begin{pmatrix} 11 \\ 14 \\ 4 \\ 16 \\ 18 \end{pmatrix}$$

解　在 MATLAB 命令窗口键入

```
>>A=[2 -1 4 -3 1;-1 1 2 1 3;4 2 3 3 -1;-3 1 3 2 4;1 3 -1 4 4];
>>b=[11 14 4 16 18]';
>>x=magauss2(A,b);x'
```

显示结果

```
x=
    1.0000   2.0000   1.0000   -1.0000   4.0000
```

2. **LU 分解求解线性方程组 Ax=b** 的 MATLAB 程序

```
function x=lu_decompose(A,b)
% 基于矩阵的 LU 分解求解线性方程组 Ax=b
% A 为系数矩阵,b 为方程组右边的向量,x 为未知向量
n=length(b);
L=eye(n);   U=zeros(n,n);
x=zeros(n,1);y=zeros(n,1);
% 对矩阵 A 进行 LU 分解
for i=1:n
    U(1,i)=A(1,i);
    if i==1
       L(i,1)=1;
    else
       L(i,1)=A(i,1)/U(1,1);
    end
end
for i=2:n
    for j=i:n
       sum=0;
```

```
        for k=1:i-1
          sum=sum+L(i,k) * U(k,j);
        end
        U(i,j)=A(i,j)-sum;
        if j~=n
          sum=0;
          for k=1:i-1
            sum=sum+L(j+1,k) * U(k,i);
        end
        L(j+1,i)=(A(j+1,i)-sum)/U(i,i);
        end
      end
end
% 解方程组 Ly=b
y(1)=b(1);
for k=2:n
      sum=0;
      for j=1:k-1
        sum=sum+L(k,j) * y(j);
      end
      y(k)=b(k)-sum;
end
% 解方程组 Ux=y
x(n)=y(n)/U(n,n);
for k=n-1:-1:1
      sum=0;
      for j=k+1:n
        sum=sum+U(k,j) * x(j);
      end
      x(k)=(y(k)-sum)/U(k,k);
end
```

例 4.14　用矩阵 $\boldsymbol{A}$ 的 $\boldsymbol{LU}$ 分解法解线性方程组 $\boldsymbol{Ax}=\boldsymbol{b}$,其中

$$\boldsymbol{A}=\begin{pmatrix}0.001 & 2 & 3\\ -1 & 3.712 & 4.623\\ -2 & 1.072 & 5.643\end{pmatrix},\quad \boldsymbol{b}=\begin{pmatrix}1\\2\\3\end{pmatrix}$$

解　在 MATLAB 命令窗口键入

A=[0.001,2,3;-1,3.712,4.623;-2,1.072,5.643];　b=[1,2,3];在命令窗口中运行　x=lu_decompose(A,b);

显示结果:$x=$

```
-0.4904
-0.0510
 0.3675
```

小　结

本章介绍了数值求解线性代数方程组的直接法。一般说来,直接法比较多用在求解系数矩阵中非零元素较少的中、小型方程组。三对角方程组是实际工作中常遇到的一类方程组,例如用三弯矩法求三次样条插值函数,最后就归结为解三对角方程组。解三对角方程组的追赶法可以将二维问题化为一维数组来求解,这既节省了存贮空间,又提高了计算速度,所以受到普遍的重视。

选主元素的技术是抑制舍入误差影响的一种简便方法,但当方程组处于严重"病态"的状况下,即使是在直接法中使用了选主元素的技术也不能得到很好的效果。对这类方程组需进行特殊的处理才能得到合乎要求的结果。

习　题　4

1. 用高斯消去法解方程组:

$$\begin{cases}x_1+2x_2+x_3-2x_4=4\\ 2x_1+5x_2+3x_3-2x_4=7\\ -2x_1-2x_2+3x_3+5x_4=-1\\ x_1+3x_2+2x_3+3x_4=0\end{cases}$$

2. 用列主元素高斯消去法解方程组:

$$\begin{cases}2x_1+3x_2+5x_3=5\\3x_1+4x_2+7x_3=6\\x_1+3x_2+3x_3=5\end{cases}$$

3. 分别用克洛特(Crout)分解和杜里特尔(Doolittle)分解两种方法将矩阵 $\boldsymbol{A}$ 作 $\boldsymbol{LU}$ 分解。

$$\boldsymbol{A}=\begin{bmatrix}-2 & 4 & 8\\-4 & 18 & -16\\-6 & 2 & -20\end{bmatrix}$$

4. 用克洛特(Crout)分解法解方程组：

$$\begin{cases}2x_1+6x_2-x_3=-12\\5x_1-x_2+2x_3=29\\-3x_1-4x_2+x_3=5\end{cases}$$

5. 用杜里特尔(Doolittle)分解法解方程组：

$$\begin{cases}x_1-x_2+x_3=-4\\5x_1-4x_2+3x_3=-12\\2x_1+x_2+x_3=11\end{cases}$$

6. 设矩阵 $\boldsymbol{A}=\begin{pmatrix}4 & 2 & -2\\2 & 2 & -3\\-2 & -3 & 14\end{pmatrix}$，试将 $\boldsymbol{A}$ 作 $\boldsymbol{LL}^{\mathrm{T}}$ 和 $\boldsymbol{LDL}^{\mathrm{T}}$ 分解。

7. 用平方根法及改进平方根法解方程组

$$\begin{cases}4x_1-x_2+x_3=6\\-x_1+4.25x_2+2.7x_3=-0.5\\x_1+2.75x_2+3.5x_3=1.25\end{cases}$$

8. 用追赶法求解下列三对角方程组：

$$(1)\begin{cases}5x_1+6x_2=1\\x_1+5x_2+6x_3=0\\x_2+5x_3+6x_4=0\\x_3+5x_4+6x_5=0\\x_4+5x_5=1\end{cases}$$

$$(2)\begin{cases}5x_1+x_2 & =17\\ x_1+5x_2+x_3 & =14\\ \quad x_2+5x_3 & =7\end{cases}$$

9. 设 $\boldsymbol{x}=(2,-5,3)^{\mathrm{T}}$，$\boldsymbol{A}=\begin{pmatrix}1 & 2\\ 3 & 4\end{pmatrix}$，试求 $\|\boldsymbol{x}\|_1$，$\|\boldsymbol{x}\|_2$，$\|\boldsymbol{x}\|_\infty$ 以及 $\|\boldsymbol{A}\|_1$，$\|\boldsymbol{A}\|_2$，和 $\|\boldsymbol{A}\|_\infty$。

10. 设矩阵 $\boldsymbol{A}=\begin{pmatrix}1 & 0 & 0\\ 0 & 2 & 4\\ 0 & -2 & 4\end{pmatrix}$，求 $\|\boldsymbol{A}\|_1$，$\|\boldsymbol{A}\|_2$，$\|\boldsymbol{A}\|_\infty$。

11. 设

$$\boldsymbol{A}=\begin{bmatrix}1 & 0.99\\ 0.99 & 0.98\end{bmatrix}$$

求 A 的行范数条件数。

第5章 线性方程组的迭代解法

本章介绍求解线性方程组的另一种方法——**迭代法**。迭代法是从任意给定的初始向量 $\boldsymbol{x}^{(0)}$ 出发,用某个适当选取的计算公式,求出向量 $\boldsymbol{x}^{(1)}$,再用同一公式以 $\boldsymbol{x}^{(1)}$ 代替 $\boldsymbol{x}^{(0)}$,求出向量 $\boldsymbol{x}^{(2)}$,如此反复进行,得到向量序列 $\{\boldsymbol{x}^{(k)}\}$。当 $\{\boldsymbol{x}^{(k)}\}$ 收敛时,其极限为方程组的解。由于实际计算都只能计算到某个 $\boldsymbol{x}^{(k)}$ 就停止,所以迭代法与直接法不同,即使不考虑舍入误差的影响,通常在有限步骤内得不到方程的准确解,只能逐步逼近解。

本章将主要介绍雅可比迭代法,高斯-赛德尔迭代法及松弛法,其中松弛迭代法应用很广泛。本章同时还要讨论有关迭代法收敛性的一些基本理论问题。

5.1 雅可比(Jacobi)迭代法

为方便起见,我们先以三个未知数的方程组为例,叙述雅可比迭代法计算公式的构造方法。然后推广到 n 个未知数的方程组,设有方程组

$$\begin{cases} a_{11}x_1+a_{12}x_2+a_{13}x_3=b_1 \\ a_{21}x_1+a_{22}x_2+a_{23}x_3=b_2 \\ a_{31}x_1+a_{32}x_2+a_{33}x_3=b_3 \end{cases} \tag{5-1}$$

其矩阵形式为

$$\boldsymbol{A}\boldsymbol{x}=\boldsymbol{b} \tag*{(5-1)$'$}$$

并设 $a_{ii}\neq 0, i=1,2,3$,则三个方程可以改写成

$$\begin{cases} x_1= \qquad -\dfrac{a_{12}}{a_{11}}x_2-\dfrac{a_{13}}{a_{11}}x_3+\dfrac{b_1}{a_{11}} \\ x_2=-\dfrac{a_{21}}{a_{22}}x_1 \qquad -\dfrac{a_{23}}{a_{22}}x_3+\dfrac{b_2}{a_{22}} \\ x_3=-\dfrac{a_{31}}{a_{33}}x_1-\dfrac{a_{32}}{a_{33}}x_2 \qquad +\dfrac{b_3}{a_{33}} \end{cases} \tag{5-2}$$

令 $g_{ij}=-\dfrac{a_{ij}}{a_{ii}}$, $c_i=\dfrac{b_i}{a_{ii}}, i,j=1,2,3$,方程组(5-2)就可写成等价方程组

$$\begin{cases} x_1= \qquad g_{12}x_2+g_{13}x_3+c_1 \\ x_2=g_{21}x_1 \qquad +g_{23}x_3+c_2 \\ x_3=g_{31}x_1+g_{32}x_2 \qquad +c_3 \end{cases} \tag{5-3}$$

其矩阵形式为

$$\boldsymbol{x}=\boldsymbol{G}_{\mathrm{J}}\boldsymbol{x}+\boldsymbol{c} \tag{5-3$'$}$$

式中：

$$\boldsymbol{G}_J=\begin{bmatrix}0 & g_{12} & g_{13}\\ g_{21} & 0 & g_{23}\\ g_{31} & g_{32} & 0\end{bmatrix},\quad \boldsymbol{c}=\begin{bmatrix}c_1\\ c_2\\ c_3\end{bmatrix},\quad \boldsymbol{x}=\begin{bmatrix}x_1\\ x_2\\ x_3\end{bmatrix}$$

如果令

$$\boldsymbol{L}=\begin{bmatrix}0 & 0 & 0\\ a_{21} & 0 & 0\\ a_{31} & a_{32} & 0\end{bmatrix},\quad \boldsymbol{D}=\begin{bmatrix}a_{11} & 0 & 0\\ 0 & a_{22} & 0\\ 0 & 0 & a_{33}\end{bmatrix},\quad \boldsymbol{U}=\begin{bmatrix}0 & a_{12} & a_{13}\\ 0 & 0 & a_{23}\\ 0 & 0 & 0\end{bmatrix}$$

则有

$$\boldsymbol{A}=\boldsymbol{L}+\boldsymbol{D}+\boldsymbol{U}$$

容易验证

$$\boldsymbol{G}_{\mathrm{J}}=-\boldsymbol{D}^{-1}(\boldsymbol{L}+\boldsymbol{U}),\quad \boldsymbol{c}=\boldsymbol{D}^{-1}\boldsymbol{b}$$

用雅可比迭代法求解方程组(5-1)的计算过程如下，取初值

$$\boldsymbol{x}^{(0)}=\begin{bmatrix}x_1^{(0)}\\ x_2^{(0)}\\ x_3^{(0)}\end{bmatrix}$$

将方程组(5-3)右端的 x_1,x_2,x_3 用 $x_1^{(0)},x_2^{(0)},x_3^{(0)}$ 代入，算出的结果记作 $x_1^{(1)}$，$x_2^{(1)},x_3^{(1)}$，即

$$\begin{cases}x_1^{(1)}= & g_{12}x_2^{(0)}+g_{13}x_3^{(0)}+c_1\\ x_2^{(1)}=g_{21}x_1^{(0)} & +g_{23}x_3^{(0)}+c_2\\ x_3^{(1)}=g_{31}x_1^{(0)}+g_{33}x_2^{(0)} & +c_3\end{cases}$$

再将新得到的 $x_1^{(1)},x_2^{(1)},x_3^{(1)}$ 代替方程组(5-3)右端的 x_1,x_2,x_3，从而算出 $x_1^{(2)}$，$x_2^{(2)},x_3^{(2)}$，如此反复进行，一般地有

$$\begin{cases}x_1^{(k+1)}= & g_{12}x_2^{(k)}+g_{13}x_3^{(k)}+c_1\\ x_2^{(k+1)}=g_{21}x_1^{(k)} & +g_{23}x_3^{(k)}+c_2\\ x_3^{(k+1)}=g_{31}x_1^{(k)}+g_{32}x_2^{(k)} & +c_3\end{cases}\quad k=0,1,2,\cdots \tag{5-4}$$

用矩阵形式表示为

$$\boldsymbol{x}^{(k+1)}=\boldsymbol{G}_J\boldsymbol{x}^{(k)}+c,\quad k=0,1,2,\cdots \tag{5-4$'$}$$

一般说来，当 $\| x^{(k+1)}-x^{(k)} \|\leqslant\varepsilon$ 时停止迭代，以 $x^{(k+1)}$ 作为方程组的近似解向量。ε 是事先给定的允许误差精度。

虽然以上的讨论仅就三个未知数的方程组进行的，但其构造雅可比迭代公式的方法是对一般的 n 个未知数的线性代数方程组也是适用的。

对于 n 个未知数的方程组(4-1)，其矩阵形式 $\boldsymbol{Ax}=\boldsymbol{b}$，假设系数矩阵 $\boldsymbol{A}$ 为非奇异矩阵且对角元素 $a_{ii}\neq 0(i=1,2,\cdots,n)$，类似于方程组(5-1)的推导。首先将方程组(4-1)改写成等价方程组

$$\begin{cases}x_1=-\dfrac{a_{12}}{a_{11}}x_2-\dfrac{a_{13}}{a_{11}}x_3-\cdots+\dfrac{b_1}{a_{11}}\\ x_2=-\dfrac{a_{21}}{a_{22}}x_1-\dfrac{a_{23}}{a_{22}}x_3-\cdots+\dfrac{b_2}{a_{22}}\\ \cdots\\ x_n=-\dfrac{a_{n1}}{a_{nn}}x_1-\cdots-\dfrac{a_{nn-1}}{a_{nn}}x_{n-1}+\dfrac{b_n}{a_{nn}}\end{cases}\tag{5-5}$$

然后，建立迭代公式

$$\begin{cases}x_1^{(k+1)}=-\dfrac{a_{12}}{a_{11}}x_2^{(k)}-\dfrac{a_{13}}{a_{11}}x_3^{(k)}-\cdots+\dfrac{b_1}{a_{11}}\\ x_2^{(x+1)}=-\dfrac{a_{21}}{a_{22}}x_1^{(k)}-\dfrac{a_{23}}{a_{22}}x_3^{(k)}-\cdots+\dfrac{b_2}{a_{22}}\\ \cdots\\ x_n^{(k+1)}=-\dfrac{a_{n1}}{a_{nn}}x_1^{(k)}-\cdots-\dfrac{a_{nn-1}}{a_{nn}}x_{n-1}^{(k)}+\dfrac{b_n}{a_{nn}}\end{cases}\tag{5-6}$$

其矩阵形式为

$$\boldsymbol{x}^{(k+1)}=\boldsymbol{G}_{\mathrm{J}}\boldsymbol{x}^{(k)}+\boldsymbol{c}\quad k=0,1,2,\cdots\tag{5-6$'$}$$

式中：

$$\boldsymbol{G}_{\mathrm{J}}=-\boldsymbol{D}^{-1}(\boldsymbol{L}+\boldsymbol{U}),\quad \boldsymbol{c}=\boldsymbol{D}^{-1}\boldsymbol{b}\tag{5-7}$$

其中 $\boldsymbol{L}$,$\boldsymbol{U}$ 分别由 $\boldsymbol{A}$ 的元素组成严格下三角阵和严格上三角阵，$\boldsymbol{D}=\mathrm{diag}(a_{11},a_{22},\cdots,a_{nn})$。

选定初始向量 $\boldsymbol{x}^{(0)}$ 后，按迭代公式(5-6)得出解向量序列 $\{\boldsymbol{x}^{(k)}\}$，当 $\|\boldsymbol{x}^{(k+1)}-\boldsymbol{x}^{(k)}\|<\varepsilon$ 时停止迭代(ε 为允许误差精度)，取 $\boldsymbol{x}^{(k+1)}$ 作为方程组的近似解。用迭代公式(5-6)求方程组近似解的方法称为**雅可比(Jacobi)迭代法**，也称**简单迭代法**，称(5-5)式为迭代方程组，由(5-7)式构造的矩阵 $\boldsymbol{G}_{\mathrm{J}}$ 称为**雅可比迭代矩阵**，(5-6)式即为**雅可比迭代公式**。

例 5.1　用雅可比迭代法求解下列方程组，要求当 $\|x^{(k+1)}-x^{(k)}\|_\infty\leqslant\frac{1}{2}\times10^{-4}$ 时停止迭代。

$$\begin{cases}10x_1+x_2+x_3=12\\ 2x_1+10x_2+x_3=13\\ 2x_1+2x_2+10x_3=14\end{cases}$$

解　相应的雅可比迭代公式为

$$\begin{cases}x_1^{(k+1)} = \quad\quad -0.1x_2^{(k)} - 0.1x_3^{(k)} + 1.2 \\ x_2^{(k+1)} = -0.2x_1^{(k)} \quad\quad - 0.1x_3^{(k)} + 1.3 \\ x_3^{(k+1)} = -0.2x_1^{(k)} - 0.2x_2^{(k)} \quad\quad + 1.4\end{cases} \quad k=0,1,2,\cdots$$

取迭代初值为 $\boldsymbol{x}^{(0)}=(0,0,0)^{\mathrm{T}}$

按此迭代公式进行迭代，得计算结果如表 5-1 所示。

表 5-1

k	$x_1^{(k)}$	$x_2^{(k)}$	$x_3^{(k)}$
0	0	0	0
1	1.2	1.3	1.4
2	0.93	0.92	1.02
3	1.006	1.012	1.03
4	0.9958	0.9958	0.9964
5	1.00078	1.0012	1.00168
6	0.999712	0.999676	0.999604
7	1.000072	1.0000972	1.0001224
8	0.99997804	0.99997336	0.99996616
9	1.000006048	1.000007776	1.00000972

$\| x^{(9)}-x^{(8)} \|_\infty = 0.00004356 < \frac{1}{2}\times 10^{-4}$，迭代停止，取 $\boldsymbol{x}^{(9)}=(x_1^{(9)},x_2^{(9)},x_3^{(9)})^{\mathrm{T}}$ 为方程组的近似解。

容易验证该方程组的精确解为 $\boldsymbol{x}=(1,1,1)^{\mathrm{T}}$。从表 5-1 可以看出，当迭代次数增加时，迭代结果越来越接近准确解。然而，是否对所有的方程组雅可比迭代公式产生的向量序列均能像例 5.1 那样越来越逼近准确解呢？

例 5.2　用雅可比迭代法求解线性方程组

$$\begin{cases}-x_1 + 10x_2 - 2x_3 = 8.3 \\ -x_1 - x_2 + 5x_3 = 4.2 \\ 10x_1 - x_2 - 2x_3 = 7.2\end{cases} \tag{5-8}$$

解 相应的雅可比迭代公式为

$$\begin{cases} x_1^{(k+1)} = \quad 10x_2^{(k)} - 2x_3^{(k)} - 8.3 \\ x_2^{(k+1)} = -x_1^{(k)} \quad + 5x_3^{(k)} - 4.2 \\ x_3^{(k+1)} = 5x_1^{(k)} - 0.5x_2^{(k)} \quad - 3.6 \end{cases} \quad k=0,1,2,\cdots$$

取 $\boldsymbol{x}^{(0)}=(0,0,0)^{\mathrm{T}}$,迭代所得向量序列$\{\boldsymbol{x}^{(k)}\}$如表 5-2 所示。

表 5-2

k	$x_1^{(k)}$	$x_2^{(k)}$	$x_3^{(k)}$
0	0	0	0
1	−8.3	−4.2	−3.6
2	−43.1	−13.9	−43.0
3	−61.3	−176.1	−226.05
⋮	⋮	⋮	⋮

方程组(5-8)的准确解为 $\boldsymbol{x}^*=(1.1,1.2,1.3)^{\mathrm{T}}$。从表 5-2 可以看出其雅可比迭代公式产生的向量序列$\{\boldsymbol{x}^{(k)}\}$是越来越偏离方程组(5-8)的准确解。

定义 5.1 如果迭代公式所产生的解向量序列$\{\boldsymbol{x}^{(k)}\}$收敛于原方程组的准确解,即 $\lim\limits_{k\to\infty}x^{(k)}=\boldsymbol{x}^*$。则称该迭代法是收敛的,否则,称此迭代法是发散的。

由例 5.1 和例 5.2 可以看出,雅可比迭代法的收敛是有条件的,这些条件将在 5.3 节中讨论,最后给出一般情况下雅可比迭代法的分量形式。

$$x_i^{(k+1)} = -\sum_{j=1}^{i-1}\frac{a_{ij}}{a_{ii}}x_j^{(k)} - \sum_{j=i+1}^{n}\frac{a_{ij}}{a_{ii}}x_j^{(k)} + \frac{b_i}{a_{ii}} \tag{5-9}$$

$$i=1,2,\cdots,n;\quad k=0,1,2,\cdots$$

5.2 高斯-赛德尔(Gauss-Seidel)迭代法

仔细研究 5.1 节中例 5.1 的雅可比迭代过程可以发现,在求 $x_2^{(k+1)}$ 时,$x_1^{(k+1)}$ 已经求出来了,然而在计算 $x_2^{(k+1)}$ 时却仍然用的是 $x_1^{(k)}$;同样,在计算 $x_3^{(k+1)}$ 时 $x_1^{(k+1)}$ 和 $x_2^{(k+1)}$ 均已求得,而计算 x_3^{k+1} 时仍然使用的还是 $x_1^{(k)}$ 和 $x_2^{(k)}$。从表 5-1 可以看出,最新计算出来的分量比旧的分量更接近方程组的准确解,因此设想当新的分量求得后,马上用它来替代旧的分量,可能会更快地接近方程组的准确解。这样,就得到一种新的迭代公式,称它为高斯-赛德尔迭代公式。基于这种设想构造的迭代公式求方程组近似解的方法称为**高斯-赛德尔(Gauss-Seidel)迭代法**。

例 5.3　用高斯-赛德尔迭代法求解 5.1 节中例 5.1 给出的方程组，要求达到同样的精度。

解　按照上面讨论的设想构造，方程组的高斯-赛德尔迭代公式为

$$\begin{cases} x_1^{(k+1)} = \qquad\qquad -0.1x_2^{(k)} - 0.1x_3^{(k)} + 1.2 \\ x_2^{(k+1)} = -0.2x_1^{(k+1)} \qquad -0.1x_3^{(k)} + 1.3 \\ x_3^{(k+1)} = -0.2x_1^{(k+1)} - 0.2x_2^{(k+1)} \qquad + 1.4 \end{cases} \quad k=0,1,2,\cdots$$

取初始值 $\boldsymbol{x}^{(0)}=(0,0,0)^{\mathrm{T}}$，按此迭代公式计算所得结果如表 5-3 所示。

表 5-3

k	$-x_1^{(k)}$	$x_2^{(k)}$	$x_3^{(k)}$
0	0	0	0
1	1.2	1.06	0.948
2	0.9992	1.00536	0.999088
3	0.9995552	1.00018016	1.000052928
4	0.999976691	0.999999369	1.000004788
5	0.999999584	0.999999604	1.000000162

与方程组的准确解 $\boldsymbol{x}=(1,1,1)^{\mathrm{T}}$ 相比，高斯-赛德尔迭代 5 次得到的近似值较雅可比迭代法 9 次迭代的结果更接近方程组的准确解。在这种情况下高斯-赛德尔迭代法比雅可比迭代法收敛速度要快，但这也是有条件的，这一条件将在 5.3 节中讨论。

对于一般的 n 阶代数方程组(4-1)，设其系数矩阵 $\boldsymbol{A}$ 非奇异，且 $a_{ii}\neq 0, i=1,2,\cdots,n$，其高斯-赛德尔迭代公式的分量形式如下：

$$x_i^{(k+1)} = -\sum_{j=1}^{i-1}\frac{a_{ij}}{a_{ii}}x_j^{(k+1)} - \sum_{j=i+1}^{n}\frac{a_{ij}}{a_{ii}}x_j^{(k)} + \frac{b_i}{a_{ii}} \tag{5-10}$$

$$i=1,2,\cdots,n;\quad k=0,1,2,\cdots$$

其矩阵形式为

$$\boldsymbol{x}^{(k+1)}=-\boldsymbol{D}^{-1}\boldsymbol{L}\boldsymbol{x}^{(k+1)}-\boldsymbol{D}^{-1}\boldsymbol{U}\boldsymbol{x}^{(k)}+\boldsymbol{D}^{-1}\boldsymbol{b} \tag{5-11}$$

式中:$\boldsymbol{L}$ 是系数矩阵 $\boldsymbol{A}$ 对角线以下的元素组成的严格下三角阵,$\boldsymbol{D}$ 是由 $\boldsymbol{A}$ 的对角元素组成的对角阵,而 $\boldsymbol{U}$ 则是由 $\boldsymbol{A}$ 对角线以上元素组成的严格上三角阵。即

$$\boldsymbol{A}=\boldsymbol{L}+\boldsymbol{D}+\boldsymbol{U}$$

虽然从形式上看两种迭代法无论是分量表达式还是矩阵表达式都差异不大,但它们的迭代矩阵是不相同的。设一般的迭代公式为

$$\boldsymbol{x}^{(k+1)}=\boldsymbol{G}\boldsymbol{x}^{(k)}+\boldsymbol{c},\quad k=0,1,2,\cdots \tag{5-12}$$

只有当 $\boldsymbol{x}^{(k+1)}$ 全部分布在等式的左边,等式右边 $\boldsymbol{x}^{(k)}$ 前的矩阵 $\boldsymbol{G}$ 才称为迭代矩阵。而公式(5-11)的等式两边均有 $\boldsymbol{x}^{(k+1)}$,则需进行移项整理得到(5-12)的形式后才能确定高斯-赛德尔迭代法的迭代矩阵。以例 5.3 的高斯-赛德尔迭代公式为例,需将其整理成

$$\begin{cases}x_1^{(k+1)} & =-0.1x_2^{(k)}-0.1x_3^{(k)}+1.2\\ 0.2x_1^{(k+1)}+x_2^{(k+1)} & =-0.1x_3^{(k)}+1.3\\ 0.2x_1^{(k+1)}+0.2x_2^{(k+1)}+x_3^{(k+1)} & =1.4\end{cases}$$

写成矩阵形式为

$$\begin{bmatrix}1&0&0\\0.2&1&0\\0.2&0.2&1\end{bmatrix}\begin{bmatrix}x_1^{(k+1)}\\x_2^{(k+1)}\\x_3^{(k+1)}\end{bmatrix}=\begin{bmatrix}0&-0.1&-0.1\\0&0&-0.1\\0&0&0\end{bmatrix}\begin{bmatrix}x_1^{(k)}\\x_2^{(k)}\\x_3^{(k)}\end{bmatrix}+\begin{bmatrix}1.2\\1.3\\1.4\end{bmatrix}$$

按照公式(5-12)的要求整理成如下形式:

$$\begin{bmatrix}x_1^{(k+1)}\\x_2^{(k+1)}\\x_3^{(k+1)}\end{bmatrix}=\begin{bmatrix}1&0&0\\0.2&1&0\\0.2&0.2&1\end{bmatrix}^{-1}\left\{\begin{bmatrix}0&-0.1&-0.1\\0&0&-0.1\\0&0&0\end{bmatrix}\begin{bmatrix}x_1^{(k)}\\x_2^{(k)}\\x_3^{(k)}\end{bmatrix}+\begin{bmatrix}1.2\\1.3\\1.4\end{bmatrix}\right\}$$

用 $\boldsymbol{G}_{\mathrm{G}}$ 表示高斯-赛德尔迭代法的迭代矩阵,即

$$\boldsymbol{G}_{\mathrm{G}}=\begin{bmatrix}1&&\\0.2&1&\\0.2&0.2&1\end{bmatrix}^{-1}\begin{bmatrix}0&-0.1&-0.1\\0&0&-0.1\\0&0&0\end{bmatrix}=\begin{bmatrix}0&-0.1&-0.1\\0&0.02&-0.08\\0&0.016&0.036\end{bmatrix}$$

对一般的 n 阶方程组(4-1),采用同样的方法可以得到高斯-赛德尔迭代矩阵。将(5-11)式两端同乘以矩阵 $\boldsymbol{D}$,得

$$\boldsymbol{D}\boldsymbol{x}^{(k+1)}=-\boldsymbol{L}\boldsymbol{x}^{(k+1)}-\boldsymbol{U}\boldsymbol{x}^{(k)}+\boldsymbol{b}$$

移项,得

$$(\boldsymbol{L}+\boldsymbol{D})\boldsymbol{x}^{(k+1)}=-\boldsymbol{U}\boldsymbol{x}^{(k)}+\boldsymbol{b}$$

将 $\boldsymbol{x}^{(k+1)}$ 显式化

$$\boldsymbol{x}^{(k+1)}=-(\boldsymbol{L}+\boldsymbol{D})^{-1}\boldsymbol{U}\boldsymbol{x}^{(k)}-(\boldsymbol{L}+\boldsymbol{D})^{-1}\boldsymbol{b}$$

记迭代矩阵 $$\boldsymbol{G}_{\mathrm{G}}=-(\boldsymbol{L}+\boldsymbol{D})^{-1}\boldsymbol{U} \tag{5-13}$$

由于高斯-赛德尔迭代每次都尽量采用最新的分量值，所以一旦求出新值后旧值就不再保留，这样在实际操作时只需一组工作单元存放近似值。计算速度快而存储量又小，这样的方法当然很受欢迎。

5.3　迭代法的收敛性

在本章 5.1 节里已叙述了迭代法收敛的定义 5.1，现在来研究在什么条件下能保证迭代法产生的解向量序列 $\{\boldsymbol{x}^{(k)}\}$ 是收敛的。

设对于给定的方程组 $\boldsymbol{A}\boldsymbol{x}=\boldsymbol{b}$ 已化为与其等价的迭代方程组

$$\boldsymbol{x}=\boldsymbol{G}\boldsymbol{x}+\boldsymbol{d} \tag{5-14}$$

并有唯一解 $\boldsymbol{x}^*$ 即

$$\boldsymbol{x}^*=\boldsymbol{G}\boldsymbol{x}^*+\boldsymbol{d} \tag{5-15}$$

(5-14)式对应的迭代公式为

$$\boldsymbol{x}^{(k+1)}=\boldsymbol{G}\boldsymbol{x}^{(k)}+\boldsymbol{d},\quad k=0,1,2,\cdots \tag{5-16}$$

给定初始向量 $\boldsymbol{x}^0$，则由(5-16)式求得近似解向量序列 $\{\boldsymbol{x}^{(k)}\}$，为研究 $\{\boldsymbol{x}^{(k)}\}$ 的收敛性，引进误差向量 $\boldsymbol{\varepsilon}^{(k)}$。

$$\boldsymbol{\varepsilon}^{(k)}=\boldsymbol{x}^*-\boldsymbol{x}^{(k)},\qquad k=0,1,2,\cdots \tag{5-17}$$

于是研究 $\{\boldsymbol{x}^{(k)}\}$ 是否收敛（当 $k\to\infty$ 时，$x^{(k)}$ 是否 $\to x^*$）等价于研究 $\{\boldsymbol{\varepsilon}^{(k)}\}$ 是否收敛于零向量($k\to\infty$)。

由(5-15)与(5-16)两式相减得

$$\boldsymbol{\varepsilon}^{(k+1)}=\boldsymbol{G}\boldsymbol{\varepsilon}^{(k)},k=0,1,2,\cdots$$

由此可推出

$$\boldsymbol{\varepsilon}^{(k)}=\boldsymbol{G}\boldsymbol{\varepsilon}^{(k-1)}=\boldsymbol{G}^2\boldsymbol{\varepsilon}^{(k-2)}=\cdots=\boldsymbol{G}^k\boldsymbol{\varepsilon}^{(0)}$$

式中：

$$\boldsymbol{\varepsilon}^{(0)}=\boldsymbol{x}^*-\boldsymbol{x}^0$$

由 $\boldsymbol{x}^{(0)}$ 的任意性可知，要 $\boldsymbol{\varepsilon}^{(k)}\to 0$，（当 $k\to\infty$）必须 $\boldsymbol{G}^k$ 趋于零矩阵，所以迭代公式

收敛与否取决于迭代矩阵 $\boldsymbol{G}$ 所具有的性质。

定义 5.2 设 n 阶方阵 $\boldsymbol{G}$ 的特征值是 $\lambda_1,\lambda_2,\cdots,\lambda_n$，称

$$\rho(\boldsymbol{G})=\max_{1\leqslant i\leqslant n}|\lambda_i| \tag{5-18}$$

为矩阵 $\boldsymbol{G}$ 的谱半径。

定理 5-1 设 $\boldsymbol{G}$ 是 n 阶方阵，则当 $k\to\infty$ 时 $\boldsymbol{G}^k$ 趋向于零矩阵的充分必要条件是 $\rho(\boldsymbol{G})<1$。

证明可参阅冯康等编著的《数值计算方法》

定理 5-2(迭代法收敛的基本定理) 设线性方程组 $\boldsymbol{Ax}=\boldsymbol{b}$ （$\boldsymbol{A}$ 为 n 阶方阵）的迭代公式为

$$\boldsymbol{x}^{(k+1)}=\boldsymbol{Gx}^{(k)}+\boldsymbol{d}(k=0,1,2,\cdots,n)$$

则对任意的初始向量 x_0 及常数向量 d，迭代公式收敛的充分必要条件是 $\rho(\boldsymbol{G})<1$，其中 $\rho(\boldsymbol{G})$为迭代矩阵 G 的普半径。

由定理 5-1 知，结论显然成立。

推论 5-1 雅可比迭代法收敛的充分必要条件为雅可比迭代矩阵 $\boldsymbol{G}_{\mathrm{J}}$ 的谱半径小于 1，即

$$\rho(\boldsymbol{G}_{\mathrm{J}})<1$$

推论 5-2 高斯-赛德尔迭代法收敛的充分必要条件是高斯-赛德尔迭代矩阵 $\boldsymbol{G}_{\mathrm{G}}$ 的谱半径小于 1，即

$$\rho(\boldsymbol{G}_{\mathrm{G}})<1$$

定理 5-3 设迭代方程组(5-14)的迭代矩阵 $\boldsymbol{G}$ 的某一种范数 $\|\boldsymbol{G}\|<1$，则解此方程组的迭代公式(5-16)有以下结论：

(1)方程组(5-14)的解 $\boldsymbol{x}^*$ 存在且唯一；

(2)迭代法收敛，即$\lim\limits_{k\to\infty}\boldsymbol{x}^{(k)}=\boldsymbol{x}^*$，并存在以下关系式

$$\|\boldsymbol{x}^*-\boldsymbol{x}^{(k)}\|\leqslant\frac{\|\boldsymbol{G}\|}{1-\|\boldsymbol{G}\|}\|\boldsymbol{x}^{(k)}-\boldsymbol{x}^{(k-1)}\| \tag{5-19}$$

$$\|\boldsymbol{x}^*-\boldsymbol{x}^{(k)}\|\leqslant\frac{\|\boldsymbol{G}\|^k}{1-\|\boldsymbol{G}\|}\|\boldsymbol{x}^{(1)}-\boldsymbol{x}^{(0)}\| \tag{5-20}$$

证明 (1)要证方程组(5-14)有唯一解 x^*，只需证明它的齐次方程组 $\boldsymbol{x}=\boldsymbol{Gx}$ 只有零解。设方程组 $\boldsymbol{x}=\boldsymbol{Gx}$ 有非零解 $\tilde{\boldsymbol{x}}$，则有

$$\tilde{\boldsymbol{x}}=\boldsymbol{G}\tilde{\boldsymbol{x}}$$

两边取范数，得

$$\|\tilde{\boldsymbol{x}}\|=\|\boldsymbol{G}\tilde{\boldsymbol{x}}\|<\|\boldsymbol{G}\|\,\|\tilde{\boldsymbol{x}}\|$$

由于 $\|\tilde{\boldsymbol{x}}\|\neq 0$，两边约去 $\|\tilde{\boldsymbol{x}}\|$，得

$$\|\boldsymbol{G}\|\geqslant 1$$

与条件 $\|\boldsymbol{G}\|<1$ 矛盾，因此方程组(5-14)存在唯一解 x^*

(2)下面证明关系式(5-19)和(5-20)

$$\begin{aligned}\|\boldsymbol{x}^*-\boldsymbol{x}^{(k)}\| &= \|\boldsymbol{x}^*-\boldsymbol{x}^{(k+1)}+\boldsymbol{x}^{(k+1)}-\boldsymbol{x}^{(k)}\|\\ &\leqslant \|\boldsymbol{x}^*-\boldsymbol{x}^{(k+1)}\|+\|\boldsymbol{x}^{(k+1)}-\boldsymbol{x}^{(k)}\|\\ &= \|\boldsymbol{G}(\boldsymbol{x}^*-\boldsymbol{x}^{(k)})\|+\|\boldsymbol{G}(\boldsymbol{x}^{(k)}-\boldsymbol{x}^{(k-1)})\|\\ &\leqslant \|\boldsymbol{G}\|\,\|\boldsymbol{x}^*-\boldsymbol{x}^{(k)}\|+\|\boldsymbol{G}\|\,\|\boldsymbol{x}^{(k)}-\boldsymbol{x}^{(k-1)}\|\end{aligned}$$

移项整理，由 $1-\|\boldsymbol{G}\|>0$ 即得关系式(5-19)，再利用迭代公式(5-16)

$$\begin{aligned}&\|\boldsymbol{x}^{(k)}-\boldsymbol{x}^{(k-1)}\|=\|\boldsymbol{G}(\boldsymbol{x}^{(k-1)}-\boldsymbol{x}^{(k-2)})\|\\ &\leqslant\|\boldsymbol{G}\|\,\|\boldsymbol{x}^{(k-1)}-\boldsymbol{x}^{(k-2)})\|\leqslant\|\boldsymbol{G}\|^2\,\|\boldsymbol{x}^{(k-2)}-\boldsymbol{x}^{(k-3)}\|\\ &\leqslant\cdots\leqslant\|\boldsymbol{G}\|^{(k-1)}\,\|\boldsymbol{x}^{(1)}-\boldsymbol{x}^{(0)}\|\end{aligned}$$

将此代入(5-19)式即可得到关系式(5-20)。

需要指出的是定理 5-3 中的迭代法收敛条件 $\|\boldsymbol{G}\|<1$，只是迭代法收敛的充分条件。因此，当 $\|\boldsymbol{G}\|>1$ 时并不能肯定迭代法发散。例如：

例 5.4　设方程组

$$\begin{cases}x_1+0.75x_2+0.75x_3=1\\0.75x_1+x_2+0.75x_3=0.5\\0.75x_1+0.75x_2+x_3=1\end{cases}$$

证明：此方程组高斯-赛德尔迭代法收敛，而雅可比迭代法不收敛。

证明　利用(5-13)式，高斯-赛德尔迭代矩阵为

$$\boldsymbol{G}_{\mathrm{G}}=-(\boldsymbol{L}+\boldsymbol{D})^{-1}\boldsymbol{U}$$

$$=-\begin{pmatrix}1&0&0\\-0.75&1&0\\-0.1875&-0.75&1\end{pmatrix}\begin{pmatrix}0&0.75&0.75\\0&0&0.75\\0&0&0\end{pmatrix}$$

$$=\begin{pmatrix} 0 & 0.75 & 0.75 \\ 0 & -0.5625 & 0.1875 \\ 0 & -0.140625 & -0.703125 \end{pmatrix}$$

其特征方程为

$$|\lambda \boldsymbol{I}-\boldsymbol{G}_{\mathrm{G}}|=\begin{vmatrix} \lambda & 0.75 & 0.75 \\ 0 & \lambda-0.5625 & 0.1875 \\ 0 & -0.140625 & \lambda-0.703125 \end{vmatrix}=0$$

$$\lambda(\lambda^2-1.265625\lambda+0.421875)=0$$

解得 $\rho(\boldsymbol{G}_{\mathrm{G}})\leqslant 0.650<1$，所以高斯-赛德尔迭代法收敛，但其迭代矩阵的行范数和列范数分别为 $\|\boldsymbol{G}_{\mathrm{G}}\|_{\infty}=1.5$，$\|\boldsymbol{G}_{\mathrm{G}}\|_1=1.640625$ 均大于 1。该例雅可比迭代公式的迭代矩阵 $\boldsymbol{G}_{\mathrm{J}}$ 的特征方程为

$$|\lambda \boldsymbol{I}-\boldsymbol{G}_{\mathrm{J}}|=\begin{vmatrix} \lambda & 0.75 & 0.75 \\ 0.75 & \lambda & 0.75 \\ 0.75 & 0.75 & \lambda \end{vmatrix}=0$$

即 $f(\lambda)=\lambda^3-1.6875\lambda+0.84375=0$，$f(\lambda)$ 在 $[-2,-1]$ 上连续，且

$$f(-1)=1.53125,\quad f(-2)=-3.87125$$

所以 $f(\lambda)$ 在 $(-2,-1)$ 之间至少有一个零点，即 $\rho(\boldsymbol{G}_{\mathrm{J}})>1$，所以用雅可比迭代法求解此方程组是不收敛的。

定理 5-2 和定理 5-3 都是基于已求得迭代矩阵这一前提条件的。但在实际应用中不太方便，当 n 较大时，不容易计算 $\rho(\boldsymbol{G})<1$。是否有对方程组直接进行迭代法收敛性判定的方法呢？对于一类比较特殊的方程组是可以做到的。

定义 5.3 如果矩阵 $\boldsymbol{A}=(a_{ij})_{n\times n}$ 满足条件

$$|a_{ii}|>\sum_{j=1}^{i-1}|a_{ij}|+\sum_{j=i+1}^{n}|a_{ij}|=\sum_{\substack{j=1\\ j\neq i}}^{n}|a_{ij}| \qquad i=1,2,\cdots,n \tag{5-21}$$

即 $\boldsymbol{A}$ 的每一行中，对角元素的绝对值都严格大于同行其他元素绝对值的和，则称 $\boldsymbol{A}$ 为**主对角线按行严格占优矩阵**。类似地可以定义主对角线按列严格占优矩阵。今后在无需特别指明是按行还是按列主对角严格占优时，只简称 $\boldsymbol{A}$ 为**严格对角占优矩阵**。

引理 5-1　若 n 阶方阵 $\boldsymbol{A}=(a_{ij})_{n\times n}$ 为严格对角占优矩阵,则 $\boldsymbol{A}$ 为非奇异矩阵。

证明　先设 $\boldsymbol{A}$ 是主对角线按行严格对角占优矩阵,即

$$|a_{ii}|>\sum_{\substack{j=1\\j\neq i}}^{n}|a_{ij}|,\qquad i=1,2,\cdots,n$$

用反证法,设 $\boldsymbol{A}$ 为奇异阵,则齐次方程组 $\boldsymbol{Ax}=0$ 有非零解 $\tilde{\boldsymbol{x}}$,即存在分量 $\tilde{\boldsymbol{x}}_k$,使

$$|\tilde{\boldsymbol{x}}_k|=\max_{1\leqslant i\leqslant n}|\tilde{\boldsymbol{x}}_i|\neq 0$$

现考查齐次方程组中第 k 个方程

$$\sum_{j=1}^{n}a_{kj}\tilde{x}_j=0$$

将非对角元的项移至等式的右端

$$a_{kk}\tilde{x}_k=-\sum_{\substack{j=1\\j\neq k}}^{n}a_{kj}\tilde{x}_j$$

即

$$|a_{kk}||\tilde{x}_k|=\left|\sum_{\substack{j=1\\j\neq k}}^{n}a_{kj}\tilde{x}_j\right|\leqslant\sum_{\substack{j=1\\j\neq k}}^{n}|a_{kj}||\tilde{x}_j|\leqslant|\tilde{x}_k|\sum_{\substack{j=1\\j\neq k}}^{n}|a_{kj}|$$

于是得出 $|a_{kk}|\leqslant\sum\limits_{\substack{j=1\\j\neq k}}^{n}|a_{kj}|$,这与 $\boldsymbol{A}$ 按行严格占优矛盾。说明 A 非奇异。

若 $\boldsymbol{A}$ 是主对角线按列严格占优,则 $\boldsymbol{A}^{\mathrm{T}}$ 为按行严格占优,由上述证明可知 $\boldsymbol{A}^{\mathrm{T}}$ 非奇异矩阵。由行列式性质可知,$\boldsymbol{A}$ 也非奇异矩阵。

定理 5-4　如果线性方程组 $\boldsymbol{Ax}=\boldsymbol{b}$ 的系数矩阵 $\boldsymbol{A}$ 是严格对角占优矩阵,则求解此方程组的雅可比迭代法和高斯-赛德尔迭代法均收敛。

证明　设 $\boldsymbol{A}$ 为严格对角占优矩阵,此处仅证明高斯-赛德尔迭代法收敛,雅可比迭代法的收敛性由读者自己证明。

考查高斯-赛德尔迭代矩阵的特征方程

$$|\lambda\boldsymbol{I}-\boldsymbol{G}_{\mathrm{G}}|=0$$

利用(5-13)式有

$$\begin{aligned}|\lambda\boldsymbol{I}-\boldsymbol{G}_{\mathrm{G}}|&=|\lambda\boldsymbol{I}+(\boldsymbol{L}+\boldsymbol{D})^{-1}\boldsymbol{U}|\\&=|(\boldsymbol{L}+\boldsymbol{D})^{-1}[\lambda(\boldsymbol{L}+\boldsymbol{D})+\boldsymbol{U}]|\\&=|(\boldsymbol{L}+\boldsymbol{D})^{-1}||\lambda(\boldsymbol{L}+\boldsymbol{D})+\boldsymbol{U}|=0\end{aligned}$$

又由于 $|(\boldsymbol{L}+\boldsymbol{D})^{-1}|\neq 0$

所以 $$|\lambda(\boldsymbol{L}+\boldsymbol{D})+\boldsymbol{U}|=0 \tag{1}$$

用反证法来证明：假设 $|\lambda|\geqslant 1$

$$\lambda(\boldsymbol{L}+\boldsymbol{D})+\boldsymbol{U}=\begin{pmatrix}\lambda a_{11} & a_{12} & \cdots & a_{1n}\\ \lambda a_{21} & \lambda a_{22} & \cdots & a_{2n}\\ \vdots & \vdots & & \vdots\\ \lambda a_{n1} & \lambda a_{n2} & \cdots & \lambda a_{nn}\end{pmatrix}$$

由已知条件，$\boldsymbol{A}$ 为严格对角占优矩阵。不妨设 $\boldsymbol{A}$ 为主对角线按行严格占优矩阵，即

$$|a_{ii}|>\sum_{j=1}^{i-1}|a_{ij}|+\sum_{j=i+1}^{n}|a_{ij}|$$

则有

$$|\lambda\|a_{ii}|>\sum_{\substack{j=1\\ j\neq i}}^{n}|\lambda\|a_{ij}|\geqslant\sum_{j=1}^{i-1}|\lambda a_{ij}|+\sum_{j=i+1}^{n}|a_{ij}|\quad(i=1,2,\cdots,n)$$

由此可知，$\lambda(\boldsymbol{L}+\boldsymbol{D})+\boldsymbol{U}$ 也为严格对角占优矩阵。故非奇异，即 $|\lambda(\boldsymbol{L}+\boldsymbol{D})+\boldsymbol{U}|\neq 0$，这与(1)式相矛盾，故 $|\lambda|<1$，所以 $\rho(\boldsymbol{G}_{\mathrm{G}})<1$，高斯-赛德尔迭代法收敛。

有些方程组的系数矩阵不是严格对角占优矩阵，但对它作适当的等价变形后有可能使新的同解方程组的系数矩阵成为严格对角占优矩阵。如 5.1 节例 5.2 中的方程组(5-8)，只需改变三个方程的排列次序就可以了，即变为

$$\begin{cases}10x_1-x_2-2x_3=7.2\\ -x_1+10x_2-2x_3=8.3\\ -x_1-x_2+5x_3=4.2\end{cases}$$

该方程组的系数矩阵就是严格对角占优矩阵，于是无论用雅可比迭代法或高斯-赛德尔迭代法均收敛。

5.4 松弛迭代法

松弛迭代法是高斯-赛德尔迭代法的一种加速方法，其基本思想是将由高斯-赛德尔迭代法得到的第 $k+1$ 次近似解向量 $\boldsymbol{x}^{(k+1)}$ 与第 k 次的近似解向量 $x^{(k)}$ 作加权平均。当权因子(即松弛因子)ω 选取适当时，加速效果很显著。这一方法的主要困难是如何选取最佳松弛因子 ω_{opt}。

松弛迭代法的向量形式为

$$\boldsymbol{x}^{(k+1)}=\boldsymbol{x}^{(k)}+\omega(\boldsymbol{x}^{(k+1)}-x^{(k)}) \tag{5-22}$$

(5-22)式可理解为误差补偿思想的一种应用。补偿得恰到好处，则收敛速度明

显加快。反之，也可能使收敛速度变慢。

将高斯-赛德尔的迭代公式(5-11)的右端项代入(5-22)式，并在两边同乘以对角阵 $\boldsymbol{D}$ 得

$$\boldsymbol{D}\boldsymbol{x}^{(k+1)}=\omega(-\boldsymbol{L}\boldsymbol{x}^{(k+1)}-\boldsymbol{U}\boldsymbol{x}^{(k)}+\boldsymbol{b})+(1-\omega)\boldsymbol{D}\boldsymbol{x}^{(k)}$$

整理得

$$\boldsymbol{x}^{(k+1)}=(\boldsymbol{D}+\omega\boldsymbol{L})^{-1}[\boldsymbol{D}-\omega(\boldsymbol{D}+\boldsymbol{U})]x^{(k)}+\omega(\boldsymbol{D}+\omega\boldsymbol{L})^{-1}\boldsymbol{b},\quad k=0,1,2,\cdots \tag{5-23}$$

由此可得松弛迭代法的迭代矩阵为

$$\boldsymbol{G}_{\mathrm{S}}=(\boldsymbol{D}+\omega\boldsymbol{L})^{-1}[\boldsymbol{D}-\omega(\boldsymbol{D}+\boldsymbol{U})] \tag{5-24}$$

下面不加证明地介绍 3 个常用的定理。

定理 5-5　设方程组 $\boldsymbol{A}\boldsymbol{x}=\boldsymbol{b}$ 的系数矩阵 $\boldsymbol{A}$ 非奇异，且 $a_{ii}\neq 0, i=1,2,\cdots,n$，其松弛迭代法收敛的充要条件是 $\rho(\boldsymbol{G}_{\mathrm{S}})<1$。

定理 5-6　松弛迭代法收敛的必要条件是松弛因子 ω 满足以下不等式：

$$0<\omega<2$$

定理 5-7　如果方程组 $\boldsymbol{A}\boldsymbol{x}=\boldsymbol{b}$ 的系数矩阵 $\boldsymbol{A}$ 是正定矩阵，则用 $0<\omega<2$ 的松弛迭代法求解必收敛。

$0<\omega<1$ 时的松弛迭代法也称为**低松弛迭代法(SUR 法)**；当用 $1<\omega<2$ 时，则一般称之为**超松弛迭代法(SOR 法)**；当 $\omega=1$ 时即为高斯-赛德尔迭代法。

松弛迭代法的分量形式为

$$x_i^{(k+1)}=(1-\omega)x_i^{(k)}-\omega\left(\sum_{j=1}^{i-1}\frac{a_{ij}}{a_{ii}}x_j^{(k+1)}+\sum_{j=i+1}^{n}\frac{a_{ij}}{a_{ii}}x_j^{(k)}-\frac{b_i}{a_{ii}}\right)$$
$$i=1,2,\cdots,n;\qquad k=0,1,2,\cdots \tag{5-25}$$

例 5.5　试用松弛迭代法(取 $\omega=0.9$)求解下列方程组，要求 $\|\boldsymbol{x}^{(k)}-\boldsymbol{x}^{(k-1)}\|_\infty\leqslant\frac{1}{2}\times 10^{-3}$。

$$\begin{cases}5x_1+2x_2+x_3=-12\\-x_1+4x_2+2x_3=20\\2x_1-3x_2+10x_3=3\end{cases}$$

解　此方程组的系数矩阵是严格对角占优矩阵，可以证明对此类方程组用低松弛迭代法必收敛。

现利用公式(5-25)写出求解此方程组的迭代公式

$$\begin{cases}x_1^{(k+1)}=0.1x_1^{(k)}-0.9\left(\frac{2}{5}x_2^{(k)}+\frac{1}{5}x_3^{(k)}+\frac{12}{5}\right)\\x_2^{(k+1)}=0.1x_2^{(k)}+0.9\left(\frac{1}{4}x_1^{(k+1)}-\frac{1}{2}x_2^{(k)}+5\right)\\x_3^{(k+1)}=0.1x_3^{(k)}-0.9(0.2x_1^{(k+1)}-0.3x_2^{(k+1)}-0.3)\end{cases}$$

整理后为

$$\begin{cases}x_1^{(k+1)}=0.1x_1^{(k)}-0.36x_2^{(k)}-0.18x_3^{(k)}-2.16\\x_2^{(k+1)}=0.225x_1^{(k+1)}+0.1x_2^{(k)}-0.45x_3^{(k)}+4.5\\x_3^{(k+1)}=-0.18x_1^{(k+1)}+0.27x_2^{(k+1)}+0.1x_3^{(k)}+0.27\end{cases}$$

取 $\boldsymbol{x}^{(0)}=(0,0,0)^{\mathrm{T}}$，迭代结果见表 5-4。

表 5-4

k	$x_1^{(k)}$	$x_2^{(k)}$	$x_3^{(k)}$
0	0	0	0
1	−2.16	4.014	1.74258
2	−4.1347044	3.18693051	2.04897603
3	−4.089581109	2.976498088	2.014676686
4	−4.003139226	2.990338974	1.999424252
5	−3.996732319	3.000028212	1.99936186
6	−3.999568523	3.000387067	1.999963028
7	−4.000089541	3.000035197	2.000021923
8	−4.000025571	2.999987901	2.000003528

$\|\boldsymbol{x}^{(8)}-\boldsymbol{x}^{(7)}\|_\infty=6.40\times10^{-5}<\dfrac{1}{2}\times10^{-3}$，迭代 8 次后方程组的近似解已满足精度要求。故取 $x^*=x^{(8)}=(-4\quad 3\quad 2)^{\mathrm{T}}$

例 5.6　用 **SOR** 迭代法(取 $\omega=1.25$)求解下列方程组，要求 $\|\boldsymbol{x}^{(k)}-\boldsymbol{x}^{(k-1)}\|_\infty\leqslant\dfrac{1}{2}\times10^{-3}$。

$$\begin{cases}4x_1+3x_2=16\\3x_1+4x_2-x_3=20\\-x_2+4x_3=-12\end{cases}$$

解　此方程组的系数矩阵是正定矩阵，所以用 $\omega=1.25$ 的 **SOR** 迭代法求解一定收敛。由公式(5-25)得出其迭代公式为

$$\begin{cases}x_1^{(k+1)}=-0.25x_1^{(k)}-0.9375x_2^{(k)}+5\\x_2^{(k+1)}=-0.9375x_1^{(k+1)}-0.25x_2^{(k)}+0.3125x_3^{(k)}+6.25\\x_3^{(k+1)}=0.3125x_2^{(k+1)}-0.25x_3^{(k)}-3.75\end{cases}$$

取 $\boldsymbol{x}^{(0)}=(0,0,0)^{\mathrm{T}}$，计算结果见表 5-5。

表 5-5

k	$x_1^{(k)}$	$x_2^{(k)}$	$x_3^{(k)}$
0	0	0	0
1	5	1.5625	−3.26172
2	2.28516	2.69775	−2.09152
3	1.89957	2.77963	−2.35849
4	1.91920	3.01881	−2.21700
5	1.69007	3.21804	−2.19011
6	1.56057	3.29805	−2.17183
7	1.51794	3.32372	−2.16838
8	1.50453	3.33095	−2.16698
9	1.50110	3.33280	−2.16676
10	1.50023	3.33322	−2.16668
11	1.50005	3.33331	−2.16667

$$\| \boldsymbol{x}^{(11)} - \boldsymbol{x}^{(10)} \|_\infty = 1.8 \times 10^{-4} < \frac{1}{2} \times 10^{-3}$$

取方程组的近似解 $x^{(11)} = (1.5005 \quad 3.33331 \quad -2.16667)^{\mathrm{T}}$

5.5 MATLAB 程序与算例

高斯-赛德尔(Gauss-Seidel)迭代法解方程组 $Ax=b$ 的 MATLAB 程序

```
function[x,n]=gauseidel(A,b,x0,eps,M)
% 用 Gauss-Seidel 迭代法求线性方程组 Ax=b 的解
% A 为方程组的系数矩阵,b 为方程组的右端向量,x0 为迭代初始值
% eps 为精度要求,缺省值为 le-5,M 为最大迭代次数,缺省值为 100
% x 表示为用迭代法求得线性方程组的近似解,n 为迭代次数
if nargin==3
    eps=1.0e-6;
    M=200;
elseif nargin==4
    M=200;
```

```
elseif nargin<3
    error
    return;
end
D=diag(diag(A));          %求 A 的对角矩阵
L=-tril(A,-1);            %求 A 的下三角阵
U=-triu(A,1);             %求 A 的上三角阵
G=(D-L)\U;
f=(D-L)\b;
x=G* x0+f;
n=1;                      %迭代次数
while norm(x-x0)>=eps
    x0=x;
    x=G* x0+f;
    n=n+1;
if(n>=M)
     disp('Warning: 迭代次数太多,可能不收敛!');
     return;
    end
end
```

例 5.7 用高斯-赛德尔迭代法求解线性方程组

$$\begin{cases}1.4449x_1+0.7948x_2+0.8801x_3=1\\0.6946x_1+1.9568x_2+0.1730x_3=0\\0.6213x_1+0.5226x_2+1.9797x_3=1\end{cases}。$$

解 在 MATLAB 命令窗口键入

```
>>A=[1.4449  0.7948  0.8801;
0.6946  1.9568  0.1730;
0.6213  0.5226  1.9797],
b=[1  0  1]'
```

显示结果

```
A=
  1.4449  0.7948  0.8801
  0.6946  1.9568  0.1730
```

```
    0.6213   0.5226   1.9797
b=
    1
    0
    1
```

再键入

```
≫x0=zeros(3,1);
≫[x,n]=gauseidel(A,b,x0)
```

显示结果

```
x=
    0.5929
    -0.2444
    0.3836
n=
    11
```

小　结

迭代法是利用计算机求解方程组时常用的方法。特别是对大型稀疏矩阵方程组,即系数矩阵中零元素占大部分的那种方程组,迭代法具有占内存少,程序简单,容易上机实现等明显优点。本章主要介绍了雅可比迭代法和高斯-赛德尔迭代法,虽说高斯-赛德尔迭代法是对雅可比迭代法的一种改进,但由于两种方法的迭代矩阵是不同的,所以存在有些方程组用雅可比迭代法收敛,而用高斯-赛德尔迭代法发散的情况。在应用迭代法时应该对收敛性条件给予充分的重视,不收敛的迭代公式是毫无意义的。有时对方程组作一些简单的同解变形后,再构造迭代公式可以起到更好的效果。

松弛迭代法是一个应用极为广泛的方法,本章只作了基本内容的介绍,主要因为涉及最佳松弛因子的选取等难题,已超出本书讨论的范围。

习　题　5

1. 分别用雅可比迭代法和高斯-赛德尔迭代法,求解下列方程组。初值取零向量,要求 $\|\boldsymbol{x}^{(k+1)}-\boldsymbol{x}^{(k)}\|_\infty \leqslant \frac{1}{2}\times 10^{-3}$。

(1) $\begin{cases} 2x_1+x_2=1 \\ x_1-4x_2=5 \end{cases}$

(2) $\begin{cases}5x_1-2x_2+x_3=4\\ x_1+5x_2-3x_3=2\\ 2x_1+x_2-5x_3=-11\end{cases}$

2. 试对下列方程组作等价变形后建立收敛的迭代公式，并证明该迭代公式是收敛的。

(1) $\begin{cases}x_1+6x_2-2x_3=1\\ 3x_1-2x_2+5x_3=2\\ 4x_1+x_2-x_3=3\end{cases}$

(2) $\begin{cases}2x_1-3x_2+10x_3=3\\ -x_1+4x_2+2x_3=20\\ 5x_1+2x_2+x_3=-12\end{cases}$

3. 讨论用雅可比迭代法求解下列方程组的收敛性。

(1) $\begin{cases}x_1+2x_2-2x_3=1\\ x_1+x_2+x_3=2\\ 2x_1+2x_2+x_3=3\end{cases}$

(2) $\begin{cases}2x_1-x_2+x_3=2\\ x_1+x_2+x_3=1\\ x_1+x_2-2x_3=3\end{cases}$

4. 讨论用高斯-赛德尔迭代法求解第 3 题中给出的方程组的收敛性。

5. 讨论用高斯-赛德尔迭代法求解方程组 $\boldsymbol{Ax}=\boldsymbol{b}$ 的收敛性，其中

$$\boldsymbol{A}=\begin{pmatrix}1 & 1 & 0\\ 1 & 2 & -2\\ 0 & -2 & 5\end{pmatrix}$$

6. 用 **SOR** 法求解方程组

$$\begin{cases}4x_1+3x_2 \qquad =16\\ 3x_1+4x_2-x_3=20\\ \qquad -x_2+4x_3=-12\end{cases}$$

松弛因子取值为 $\omega=1.24$，要求 $\|\boldsymbol{x}^{(k+1)}-\boldsymbol{x}^{(k)}\|_\infty\leqslant\frac{1}{2}\times10^{-4}$。

第 6 章　非线性方程的数值解法

6.1　引　言

方程求根是一个古老的数学问题，在科学研究和工程技术中常常会遇到求方程 $f(x)=0$ 根的问题。

满足方程

$$f(x)=0 \tag{6-1}$$

的数 x^* 称为方程(6-1)的**根**或称为函数 $f(x)$ 的**零点**。

如果 $f(x)$ 是 n 次多项式，即

$$f(x)=a_0+a_1x+a_2x^2+\cdots+a_nx^n \quad (a_n\neq 0)$$

则称方程(6-1)为 ***n* 次代数方程**。

如果 $f(x)$ 含有三角函数、指数函数或其他超越函数，则称方程(6-1)为**超越方程**也称为**非线性方程**。

如果 $f(x)$ 可分解为

$$f(x)=(x-x^*)^m g(x)$$

$g(x)$ 的分母不含 $x-x^*$ 因子，且 $0<|g(x^*)|<\infty$，m 为正整数，则称 x^* 为 $f(x)$ 的 m **重零点**，但 $m=1$ 时，称 x^* 为 $f(x)$ 的**单重零点**或 $f(x)=0$ 的**单根**。

我们知道，一般稍微复杂的 3 次、4 次以上的代数方程或超越方程，很难或者甚至无法求得精确解。事实上，实际应用中只要得到满足一定精度要求的近似根就可以了，因此本章主要介绍几种常用的求解非线性方程 $f(x)=0$ 实根的数值方法及求解代数方程的实根和复根的数值方法。

方程的求根大致包括以下三个问题：

(1)根的存在性，即方程有没有实根。如果有实根，有几个实根？

(2)根的分布，即求出根所在的范围。

(3)求根的公式，即已知一个根的近似值后，用一种方法把此近似值精确化，

直到满足一定精度要求为止。

对于第一个问题常用到下面的定理：

定理 6-1 设函数 $f(x)$ 在闭区间 $[a,b]$ 上连续，且 $f(a)\cdot f(b)<0$，则存在有 $x^*\in(a,b)$，使 $f(x^*)=0$，即方程 $f(x)=0$ 在 (a,b) 内至少有一个实根 x^*。

对于第二个问题常用的方法有两种。

6.1.1 搜索法

将区间 $[a,b]$ 分成 n 等份，每个子区间长为 $\Delta x=\dfrac{b-a}{n}$，计算点 $x_k=a+k\Delta x$ $(k=0,1,2,\cdots,n)$ 的函数值 $f(x_k)$，若 $f(x_k)=0$，则 x_k 作为方程的一个实根。若相邻两点满足 $f(x_k)\cdot f(x_{k+1})<0$，则在 (x_k,x_{k+1}) 内至少有一个实根，一般取 $\dfrac{x_k+x_{k+1}}{2}$ 作为方程的近似根。

6.1.2 对分法(二分法)

设有非线性方程

$$f(x)=0,\quad x\in[a,b]$$

其中 $f(x)$ 在 $[a,b]$ 上连续且 $f(a)\cdot f(b)<0$，根据定理 6-1，$f(x)$ 在区间 (a,b) 内至少有一个实根。为方便起见，设有唯一的实根 x^*，对分法就是根据这个定理将有根区间 $[a,b]$ 逐次分半。通过检查每次分半后区间两端点函数值符号的变化，确定有根的充分小的区间。

其具体做法是：记 $a_1=a,\quad b_1=b$，对分区间 $[a_1,b_1]$ 求得中点

$$x_1=\frac{a_1+b_1}{2}$$

若 $f(x_1)=0$，则 x_1 为方程的根，即根 $x^*=x_1$；否则计算

$$f(x_1)\cdot f(b_1)$$

若这个乘积小于零，根 $x^*\in(x_1,b_1)$ 内，记

$$a_2=x_1,\quad b_2=b_1$$

否则根 $x^*\in(a_1,x_1)$ 内，记

$$a_2=a_1,\quad b_2=x_1$$

再将有根区间 (a_2,b_2) 对分，重复上述做法，就可以得到进一步缩小了的有根区间 (a_3,b_3)。

照此重复下去，直到第 k 步，便得到根 x^* 的一系列近似值 $x_1,x_2,\cdots,x_k$ 及包含根 x^* 的区间套 $(a_1,b_1)\supset(a_2,b_2)\supset\cdots\supset(a_k,b_k)$（图 6-1 是这一过程的示意图）。

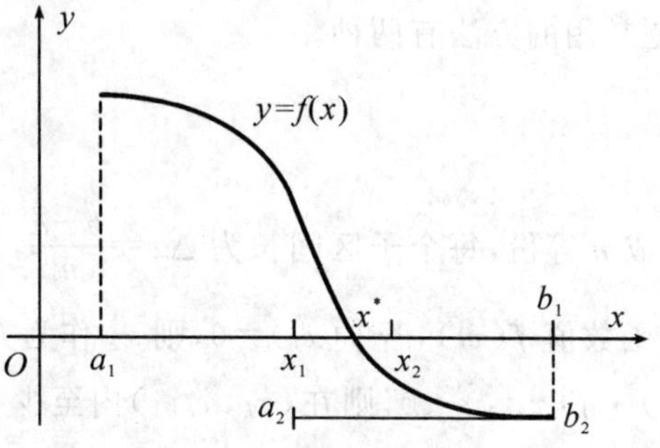

图 6-1

区间套中每一个区间的长度都是前一个区间长度的一半，最后一个区间长度为

$$b_k-a_k=\frac{1}{2^{k-1}}(b-a)\quad(k=1,2,\cdots)$$

显然有

$$f(a_k)\cdot f(b_k)<0,\quad x^*\in(a_k,b_k)$$

当 $k\to\infty$ 时，$\frac{1}{2^{k-1}}(b-a)\to 0$

若取最后一个区间的中点 x_k 作为方程 $f(x)=0$ 根的近似值，则

$$x_k=\frac{1}{2}(a_k+b_k)$$

且有误差估计式

$$|x_k-x^*|\leqslant\frac{1}{2^k}(b-a)<\varepsilon \tag{6-2}$$

式中：ε 为预先给定的精度要求。

例 6.1　用对分法求方程 $f(x)=x^3-x^2-2x+1=0$ 在区间[0,1]内的一个根，要求有三位有效数字。

解　因为 $f(x)$ 为多项式在(0,1)上连续，且 $f(0)=1>0$，$f(1)=-1<0$，所以 $f(0)\cdot f(1)<0$，而 $f'(x)=3\left(x-\frac{1}{3}\right)^2-2\frac{1}{3}$ 在[0,1]内保号，于是 $f(x)$ 在[0,1]内单调，所以方程在区间[0,1]内仅有一个根，由误差估计(6-2)式，即有

$$|x_k - x^*| \leqslant \frac{1}{2^k}(1-0) = \frac{1}{2^k} < \frac{1}{2} \times 10^{-3}$$

求得 $k=11$,所以需要对分 10 次,才能得到满足精度要求的近似根,计算结果列于表 6-1.

取 $x_{11} = \frac{1}{2}(a_{11}+b_{11}) = 0.444824218 \approx 0.445$ 为满足精度要求的实根。

表 6-1

k	a_k	b_k	x_k	$f(x_k)$的符号
1	0	1	0.5	−
2	0	0.5	0.25	+
3	0.25	0.5	0.375	+
4	0.375	0.5	0.4375	+
5	0.4375	0.5	0.46875	−
6	0.4375	0.46875	0.453125	−
7	0.4375	0.45312	0.4453125	−
8	0.4375	0.4453125	0.44140625	+
9	0.44140625	0.4453125	0.443359375	+
10	0.443359375	0.4453125	0.444335937	+
11	0.4443359375	0.4453125	0.444824218	+

对分法的优点是计算简单,方法可靠,对函数性质要求不高,只要 $f(x)$ 连续,但是对分法的缺点是不能用来求复根或偶数重根且收敛速度较慢。搜索法虽然计算量大但是它可以确定重根的范围。这两种方法可以用来确定方程根的初始值。数值计算中方程求根常用的方法是简单迭代法、牛顿迭代法与弦截法。

6.2 简单迭代法

简单迭代法是讨论一元非线性方程 $f(x)=0$ 求实根最常用的方法,尤其是计算机的普遍应用,使简单迭代法的应用更广泛。

6.2.1 简单迭代法

下面介绍迭代公式的构造和收敛条件。

简单迭代法是一种逐次逼近的方法，它的基本思想是构造一个序列$\{x_k\}$，$k=0,1,2,\cdots$，使它逼近方程$f(x)=0$的根x^*。

设方程$f(x)=0$，为了构造序列$\{x_k\}$，首先需要将原方程$f(x)=0$改写成便于迭代的某种等价方程

$$x=g(x) \tag{6-3}$$

并写出

$$x_{k+1}=g(x_k),\quad k=0,1,2,\cdots \tag{6-4}$$

在根的邻近选取初始值x_0，由公式(6-4)可计算出x_1，继而计算出x_2，等等。我们将公式(6-4)称作**迭代公式**，将$g(x)$称为**迭代函数**，由迭代公式得出的序列$\{x_k\}$称为**迭代序列**，这种迭代方法称为**简单迭代法**，也称迭代法。

对于方程$f(x)=0$可以得出不同的等价方程，同时也得到不同的迭代序列，而在这些迭代序列中有的可能发散，有的可能收敛，因此当迭代序列$\{x_k\}$以x^*为极限时，即

$$\lim_{k\to\infty}x_k=x^*$$

则称该迭代公式**收敛**。实际上在计算时，不可能作无限次迭代运算，当迭代结果满足精度要求时，就取x_k作为方程$f(x)=0$根的近似值；而当迭代序列$\{x_k\}$的极限不存在或者序列$\{x_k\}$的极限存在但不等于方程$f(x)=0$的根，则称该迭代公式**发散**。

例如下面用迭代法求方程

$$f(x)=x^3+4x^2-10=0$$

在区间[1,2]上的根。

首先用不同方法，将原方程改写成各种等价方程

(1)$x=g_1(x)=x-x^3-4x^2+10$

(2)$x=g_2(x)=\left(\dfrac{10}{x}-4x\right)^{1/2}$，$(x\neq 0)$

(3)$x=g_3(x)=\dfrac{1}{2}(10-x^3)^{1/2}$

(4)$x=g_4(x)=\left(\dfrac{10}{4+x}\right)^{1/2}$，$(x\neq -4)$

(5)$x=g_5(x)=x-\dfrac{x^3+4x^2-10}{3x^2+8x}$，$\left(x\neq 0,-\dfrac{8}{3}\right)$

由这些方程可得出其对应的迭代公式

$$x_{k+1}=g_i(x_k),\quad k=0,1,2,\cdots;\quad i=1,2,3,4,5 \tag{6-4$'$}$$

可见，一个方程可以有不同的迭代公式，即迭代公式不唯一。

然后选取初始值 x_0，除前面所述的搜索法和对分法外，通常 x_0 的选取也可用下面两种方法：

1. 图示法

画出 $y=f(x)$ 的粗略图形，从而确定曲线 $y=f(x)$ 与 x 轴交点的粗略位置 x_0，则 x_0 可以取作方程 $y=f(x)$ 根的初始近似值。

2. 试验法

在某一区间中，适当取一些数来试验，从中定出 $f(x)$ 在该区间符号改变的情况，从而确定出根的大概位置 x_0 作为方程 $y=f(x)$ 根的初始近似值。

对于方程 $x^3+4x^2-10=0$，设

$$f(x)=x^3+4x^2-10$$

因为 $f(1)\cdot f(2)<0$，且 $f(x)$ 在[1,2]上单调，故取 $x_0=1.5$ 作为初始值。

最后将前面的五种迭代公式(6-4)′分别计算如下，计算结果列于表 6-2。

表 6-2

k	(1)	(2)	(3)	(4)	(5)
0	1.5	1.5	1.5	1.5	1.5
1	−0.875	0.8165	1.28695377	1.34839973	1.37333333
2	6.372	2.9969	1.40254080	1.36737637	1.36526201
3	−469.7	$(-8.65)^{\frac{1}{2}}$	1.34545838	1.36495701	1.36523001
4	1.03×10^8		1.37517025	1.36526475	
5			1.36009419	1.36522559	
6			1.36784697	1.36523058	
7			1.36388700	1.36522994	
8			1.36591673	1.36523002	
9			1.36487822	1.36523001	
10			1.36541006		
15			1.36522368		
20			1.36523024		
23			1.36522998		
25			1.36523001		

从上表结果看出，选用不同的迭代公式，便产生不同的序列$\{x_k\}$，而这些不同的序列收敛不一样，表中的(3)、(4)、(5)三种迭代公式都收敛，而且(5)收敛最快，迭代三步就获得较准确的结果，(4)次之。而(1)迭代发散，(2)迭代到第 3 步出现负数的开

方，迭代无法进行。因此，由上面的讨论给我们提出如下问题：

(1)如何选取迭代函数 $g(x)$ 使迭代公式 $x_{k+1}=g(x_k)$ 收敛；

(2)若 $\{x_k\}$ 收敛较慢时，怎样加速 $\{x_k\}$ 收敛。

为此讨论迭代法的几何意义：

迭代法的几何意义：就是把求方程 $x=g(x)$ 根的问题转化为求曲线 $y=g(x)$ 与直线 $y=x$ 交点的横坐标 x^*。当迭代函数 $g(x)$ 的导数 $g'(x)$ 在根 x^* 处满足下述几种条件时，从几何上来考查迭代公式 $x_{k+1}=g(x_k)$ 的收敛情况，如图 6-2 所示。

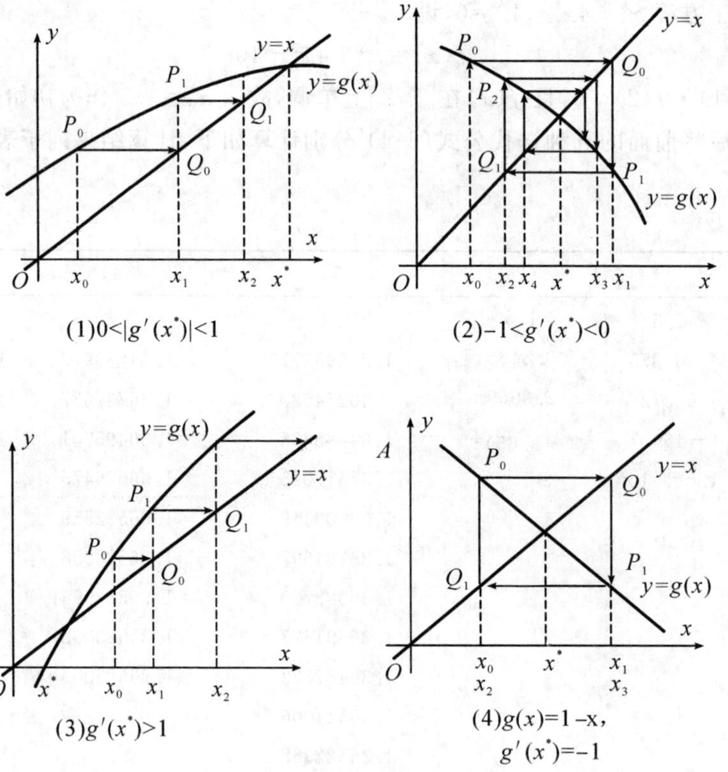

图 6-2

从曲线 $y=g(x)$ 上一点 $P_0(x_0, g(x_0))$ 出发，沿着平行于 x 轴方向前进交直线 $y=x$ 于一点 Q_0，再从 Q_0 点沿平行于 y 轴方向前进交 $y=g(x)$ 于 P_1 点，显然，P_1 的横坐标就是 $x_1=g(x_0)$。继续该过程就得到序列 $\{x_k\}$，且从图 6-2 知道在(1)、(2)情况下 $\{x_k\}$ 收敛于 x^*，在(3)、(4)情况下 $\{x_k\}$ 不收敛于 x^*。

其原因是：由迭代法的几何意义可知，为了保证迭代过程收敛，要求迭代函数的导数满足一定条件。

定理 6-2 设方程 $x=g(x)$，满足条件

(1) $g(x)$ 为区间 $[a,b]$ 上的连续函数；

(2) $a\leqslant g(x)\leqslant b$ 对任一个 $x\in[a,b]$ 成立；

(3) $g'(x)$ 存在，且满足条件：$|g'(x)|\leqslant L<1$，对任何 $x\in[a,b]$ 成立，则有

① $x=g(x)$ 在 $[a,b]$ 上有唯一解 x^*；

② 对任选初始值 $x_0\in[a,b]$，迭代公式

$$x_{k+1}=g(x_k),\quad k=0,1,2,\cdots$$

收敛，即 $\lim\limits_{k\to\infty}x_k=x^*$；

③ 误差估计式

$$|x^*-x_k|\leqslant\frac{1}{1-L}|x_{k+1}-x_k|,\qquad k=1,2,\cdots \tag{6-5}$$

$$|x^*-x_k|\leqslant\frac{L^k}{1-L}|x_1-x_0|,\qquad k=1,2,\cdots \tag{6-6}$$

证明 1) 先证方程 $x=g(x)$ 根 x^* 的存在性：作函数 $h(x)=g(x)-x$，显然，$h(x)$ 在 $[a,b]$ 上连续，$h'(x)$ 存在，由条件(2)得

$$h(a)=g(a)-a\geqslant 0$$
$$h(b)=g(b)-b\leqslant 0$$

于是有

$$h(a)\cdot h(b)\leqslant 0$$

由此可知方程 $x=g(x)$ 必有根 $x^*\in[a,b]$ 使 $h(x^*)=0$，即 $x^*-g(x^*)=0$。

再证根 x^* 的唯一性：设有两个解 $x^*\in[a,b]$ 和 $x_1^*\in[a,b]$，于是有

$$x^*=g(x^*),\quad x_1^*=g(x_1^*)$$

由微分中值定理有

$x^*-x_1^*=g(x^*)-g(x_1^*)=g'(\xi)(x^*-x_1^*)$，$\xi$ 在 x^* 与 x_1^* 之间，所以 $\xi\in[a,b]$，移项得

$$(x^*-x_1^*)[g'(\xi)-1]=0$$

由条件(3)，即有 $x^*-x_1^*=0$，故 $x^*=x_1^*$，方程 $x=g(x)$ 根的唯一性得证。

2) 再证序列 $\{x_k\}$ 的收敛性：由微分中值定理得

$$x^*-x_{k+1}=g(x^*)-g(x_k)=g'(\xi)(x^*-x_k)$$

ξ 在 x^* 与 x_k 之间。

由条件(3)得

$$|x^*-x_{k+1}|\leqslant L|x^*-x_k|,\quad k=1,2,\cdots \tag{6-7}$$

递推得

$$|x^*-x_k|\leqslant L^{k+1}|x^*-x_0|,\quad k=0,1,2,\cdots$$

因为$0<L<1$，故有

$$\lim_{k\to\infty}|x^*-x_k|\leqslant\lim_{k\to\infty}L^k|x^*-x_0|=0$$

即有

$$\lim_{k\to\infty}x_k=x^*$$

3)最后证序列$\{x_k\}$的误差估计：由迭代公式得

$$\begin{aligned}|x_{k+1}-x_k|&=|g(x_k)-g(x_{k-1})|\\&=|g'(\xi)||x_k-x_{k-1}|\\&\leqslant L|x_k-x_{k-1}|\end{aligned}\tag{6-8}$$

(ξ在x_k与x_{k-1}之间，$k=1,2,\cdots$)

又由

$$\begin{aligned}|x_{k+1}-x_k|&=|(x^*-x_k)-(x^*-x_{k+1})|\\&\geqslant|x^*-x_k|-|x^*-x_{k+1}|\end{aligned}\tag{6-9}$$

将(6-7)式代入(6-9)式得

$$|x_{k+1}-x_k|\geqslant(1-L)|x^*-x_k|$$

由于$1-L>0$，从而得

$$|x^*-x_k|\leqslant\frac{1}{1-L}|x_{k+1}-x_k|,\quad k=0,1,2,\cdots$$

于是，由上述递推关系(6-8)式得

$$\begin{aligned}|x^*-x_k|&\leqslant\frac{1}{1-L}|x_{k+1}-x_k|\\&\leqslant\frac{L}{1-L}|x_k-x_{k-1}|\leqslant\cdots\leqslant\frac{L^k}{1-L}|x_1-x_0|\end{aligned}$$

$$k=1,2,\cdots$$

由定理6-2的结果3)可知，当计算得到相邻两次迭代满足条件$|x_{k+1}-x_k|<\varepsilon$时，误差为

$$|x^*-x_k|<\frac{1}{1-L}\varepsilon$$

所以在计算时可利用$|x_{k+1}-x_k|<\varepsilon$来控制迭代终止($\varepsilon$为给定的精度要求)。可见(6-5)式是直接用计算结果x_{k+1}与x_k来估计误差的，因而称为误差事后估计式。

当已知x_0，x_1，$L(0<L<1)$及给定精度要求ε时，可利用

$$|x^*-x_k|\leqslant\frac{L^k}{1-L}|x_1-x_0|<\varepsilon$$

求出使误差达到给定精度要求所需要的迭代次数 k，即

$$k>\left(\ln\varepsilon-\ln\frac{|x_1-x_0|}{1-L}\right)\Big/\ln L$$

可见(6-6)式是在未计算时，就能估计出第 k 次迭代近似值 x_k 的误差 $|x^*-x_k|$，因此称为误差事前估计式；

从定理 6-2 看出，当 $0<L<1$ 愈小时，收敛愈快；但是要注意，当 $L\approx1$ 时，即使 $|x_{k+1}-x_k|$ 很小，误差 $|x^*-x_k|$ 也可能很大。实际使用迭代法时，常在根 x^* 的邻近范围内考虑其收敛性，即**局部收敛性**。

6.2.2 迭代法的局部收敛

定义 6.1 如果存在根 x^* 的某个邻域 $R=\{x\,|\,|x-x^*|<\delta\}$ 对于任意初始值 $x_0\in R$，迭代公式 $x_{k+1}=g(x_k)$ 均收敛，则称此迭代公式在根 x^* 邻近具有局部收敛性。

定理 6-3(局部收敛性)

设方程 $x=g(x)$ 在根 x^* 的邻域内有连续一阶导数，存在 $\delta>0$，使 $x_0\in(x^*-\delta,x^*+\delta)$，且

$$|g'(x^*)|<1$$

则迭代公式 $x_{k+1}=g(x_k)$ 具有局部收敛性。

证明(略)。

由于在实际应用中 x^* 事先不知道，故条件 $|g'(x^*)|<1$ 无法验证。若已知根的初始值 x_0 在根 x^* 的邻近，又根据 $g'(x)$ 的连续性，则可采用条件

$$|g'(x_0)|<1$$

来代替 $|g'(x^*)|<1$。

可见，本节开头例举的 5 种迭代公式，当初始值取为 1.5 时，其中 $|g'_1(1.5)|>1$；$|g'_2(1.5)|>1$；$|g'_3(1.5)|<1$；$|g'_4(1.5)|<1$，$|g'_5(1.5)|<1$，只有后三种迭代公式收敛。

例 6.2 用简单迭代法求方程

$$f(x)=xe^x-1=0$$

在初始值 $x_0=0.5$ 邻近的一个根，要求 $|x_{k+1}-x_k|<10^{-3}$。

解 写出方程 xe^x-1 的等价方程 $x=e^{-x}$，设 $g(x)=e^{-x}$，因为 $|g'(x_0)|=|-e^{-0.5}|\approx0.6<1$，所以迭代公式

$$x_{k+1}=\mathrm{e}^{-x_k},\quad k=0,1,2,\cdots$$

收敛。取初始值 $x_0=0.5$，计算结果列于表 6-3。由表 6-3 可见第 10 次迭代结果满足精度要求，所以取 $x^* \approx 0.56691$ 作为方程的近似根。

表 6-3

k	x_k	$\lvert x_{k+1}-x_k\rvert$	k	x_k	$\lvert x_{k+1}-x_k\rvert$
0	0.5		6	0.56486	0.00631
1	0.6053	0.10653	7	0.56844	0.00358
2	0.54524	0.06129	8	0.56641	0.00203
3	0.57970	0.03446	9	0.56756	0.00115
4	0.56006	0.01964	10	0.56691	0.00065
5	0.57117	0.01111			

综上所述，用迭代法求方程 $f(x)=0$ 的根的近似值的计算步骤如下：

(1)准备：选定初始值 x_0，确定方程 $f(x)=0$ 的等价方程 $x=g(x)$，同时，判定 $\lvert g'(x_0)\rvert<1$；

(2)迭代：按迭代公式 $x_{k+1}=g(x_k)$ 计算出 $x_{k+1}(k=0,1,2,\cdots)$；

(3)判别：若 $\lvert x_{k+1}-x_k\rvert<\varepsilon$（$\varepsilon$ 为事先给定的精度），则终止迭代，取 $x_{k+1}(k=0,1,2,\cdots)$ 作为根 x^* 的近似值。否则，转(2)继续迭代。

6.2.3　迭代法收敛速度的阶

迭代法依靠收敛的迭代序列来求方程根的近似值，收敛的迭代公式所对应的迭代序列 $\{x_k\}$ 的收敛速度，也会有快慢之分。由定理 6-2 可知，若 $L \ll 1$，则迭代收敛得快；若 L 虽小于 1，但接近 1，则迭代收敛很慢。

下面介绍一个标志迭代法收敛速度快慢的概念——迭代法收敛速度的**阶**，这是判断迭代法优劣的重要标准之一。

定义 6.2　由迭代公式 $x_{k+1}=g(x_k)$ 产生的迭代序列 $x_1,\cdots,x_k,\cdots$ 收敛于方程(6-1)的根 x^*，记 $\mathrm{e}_k=x^*-x_k$，称 e_k 为迭代法第 k 次的迭代误差。若存在实数 $p\geqslant 1$ 和非零常数 C，使得

$$\lim_{k\to\infty}\frac{\lvert \mathrm{e}_{k+1}\rvert}{\lvert \mathrm{e}_k\rvert^p}=C,(C\neq 0) \tag{6-10}$$

则称序列 $\{x_k\}$ 是 p **阶收敛**的，特别当 $p=1$ 时称序列 $\{x_k\}$ 是**线性收敛**；当 $1<p<$

2 时称序列$\{x_k\}$是**超线性收敛**；当 $p=2$ 时称序列$\{x_k\}$是**平方收敛**（或称二次收敛）。

显然数 p 的大小反映了迭代法收敛速度的快慢，p 越大则收敛越快，所以迭代法的收敛阶是对迭代法收敛速度的一种度量。注意，如果是线性收敛，必须 $0<C<1$。

由上述定义可推得以下结论：

定理 6-4(高阶收敛)

对于收敛的迭代公式 $x_{k+1}=g(x_k)$，　$k=0,1,2,\cdots$，如果迭代函数 $g(x)$在所求根 x^* 的邻近有连续的 p 阶导数，且满足条件：

$g'(x^*)=0, g''(x^*)=0,\cdots,g^{(p-1)}(x^*)=0, g^{(p)}(x^*)\neq 0$，则迭代公式 $x_{k+1}=g(x_k)$在点 x^* 邻近为 p **阶收敛**($k=0,1,2,\cdots$)，若 $p=2$，则迭代公式 $x_{k+1}=g(x_k)$称为**平方收敛**。

该定理表明：迭代公式的收敛速度取决于迭代函数 $g(x)$的选取。若当 $x\in[a,b]$时，$g'(x)\neq 0$，则该迭代公式只可能是线性收敛。

6.2.4 迭代公式的加速

对于方程(6-3)

$$x=g(x)$$

假定 $g'(x)$存在，在根 x^* 的邻近改变不大，$g'(x^*)$的估计值为 L，且$|L|<1$。若将方程(6-3)两边同时加上 λx（其中 λ 为待定常数，且 $\lambda\neq -1$），再除以 $1+\lambda$。即

$$\frac{x+\lambda x}{1+\lambda}=\frac{g(x)+\lambda x}{1+\lambda}$$

则可得方程(6-3)的同解方程

$$x=G(x) \tag{6-11}$$

式中：

$$G(x)=\frac{1}{1+\lambda}[g(x)+\lambda x]$$

根据前面关于迭代法收敛性的讨论，如果$|G'(x)|$在根 x^* 的邻近比$|L|$还要小，那么由方程(6-3)的同解方程(6-11)确定出的迭代公式就会比方程(6-3)确定出的迭代公式要收敛得快，因此，只要从：

$$|G'(x)|=\left|\frac{1}{1+\lambda}[g'(x)+\lambda]\right|<|L| \tag{6-12}$$

中确定出 λ 即可。

实际上，当选取 $\lambda=-L$ 时，它显然可以使 $|G'(x)|$ 相当接近于零，从而使(6-12)式成立。将 $\lambda=-L$ 代入方程(6-11)后，由此可得到在 x^* 邻近的**迭代加速公式**为

$$x_{k+1}=\frac{1}{1-L}[g(x_k)-Lx_k],\quad k=0,1,2,\cdots \tag{6-13}$$

例 6.3　用迭代加速公式求方程 $x=e^{-x}$ 在初始值 $x_0=0.5$ 邻近的一个根，要求 $|x_{k+1}-x_k|<10^{-3}$。

解　在 $x_0=0.5$ 邻近，$g'(x_0)=-e^{-x_0}\approx-0.6=L$，且 $|L|<1$，故它的迭代加速公式为

$$x_{k+1}=\frac{1}{1.6}(e^{-x_k}+0.6x_k)\quad k=0,1,2,\cdots$$

使用这个迭代加速公式进行计算，结果列于表 6-4。

表 6-4

k	x_k	$\|x_{k+1}-x_k\|$
0	0.5	
1	0.56658	0.06658
2	0.56713	0.00055
3	0.56714	0.00001

因为 $|x_3-x_2|<10^{-3}$，故取 $x^*\approx0.56714$ 作为方程的近似根。

从表 6-3 及表 6-4 看出，例 6.2 用简单迭代法要迭代 10 次，才能得到精度 $\varepsilon=10^{-3}$ 的结果，而使用迭代加速公式仅迭代 3 次便达到更高的精度。

6.3　牛顿(Newton)迭代法

简单迭代法一般不容易得到使 $|g'(x)|\leqslant L$(且 $L<1$)的迭代函数 $g(x)$，这样就会影响收敛速度，这一节介绍的牛顿迭代法，简称牛顿法，是解非线性方程 $f(x)=0$ 的一种重要的迭代法，其基本思想是将非线性方程 $f(x)=0$ 逐步归结为某种线性方程来求解。牛顿迭代法的最大优点是在方程单根附近具有较高的收敛速度，牛顿迭代法不仅可用来计算方程 $f(x)=0$ 的实根，还可计算代数方程的复根。

6.3.1 牛顿迭代公式

设 x_k 是方程 $f(x)=0$ 的一个近似根，将 $f(x)$ 在 x_k 处作泰勒展开

$$f(x)=f(x_k)+f'(x_k)(x-x_k)+\frac{f''(x_k)}{2!}(x-x_k)^2+\cdots$$

若取前两项线性部分来近似代替 $f(x)$，则得到近似的线性方程

$$f(x_k)+f'(x_k)(x-x_k)=0$$

若 $f'(x_k)\neq 0$，解出 x 记作 x_{k+1}，即

$$x_{k+1}=x_k-\frac{f(x_k)}{f'(x_k)},\quad k=0,1,2,\cdots \tag{6-14}$$

(6-14)式称为方程 $f(x)=0$ 的**牛顿迭代公式**。用牛顿迭代公式(6-14)求方程根的方法称为牛顿迭代法，简称**牛顿法**。

牛顿法的几何意义是十分明显的，(6-14)式就是曲线 $y=f(x)$ 上点 $(x_k, f(x_k))$ 处的切线方程

$$y-f(x_k)=f'(x_k)(x-x_k)$$

将该切线与 x 轴交点的横坐标 x_{k+1} 作为根 x^* 新的近似值。所以牛顿法就是用切线与 x 轴交点的横坐标近似代替曲线与 x 轴交点的横坐标，即以切线代替曲线，因此牛顿法也称**牛顿切线法**。如图 6-3 所示，若继续取点 $(x_{k+1}, f(x_{k+1}))$ 再作切线与 x 轴相交，又可得 x_{k+2}，按此方法作下去，由图 6-3 可以看出，只要初始值 x_0 取得充分靠近根 x^*，这个序列 $x_{k+1}, x_{k+2}, \cdots$ 就会很快收敛于根 x^*。

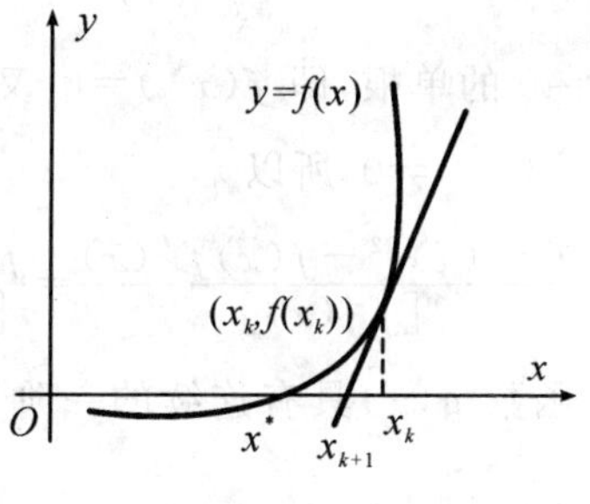

图 6-3

例 6.4 用牛顿迭代公式求方程 $xe^x-1=0$ 在初始值 $x_0=0.5$ 邻近的一个根，要求 $|x_{k+1}-x_k|<10^{-3}$。

解 设 $f(x)=xe^x-1$，由牛顿迭代公式(6-14)得

$$x_{k+1}=x_k-\frac{x_k e^{x_k}-1}{e^{x_k}+x_k e^{x_k}}=x_k-\frac{x_k-e^{-x_k}}{1+x_k},\quad k=0,1,2,\cdots$$

迭代结果列于表 6-5。

表 6-5

k	x_k	$\lvert x_{k+1}-x_k\rvert$
0	0.5	
1	0.57102	0.07102
2	0.56716	0.00386
3	0.56714	0.00002

取 $x^*\approx 0.56714$ 作为方程的近似根，且 $|x_3-x_2|<10^{-3}$。

与例 6.2 相比较，简单迭代法计算该题要迭代 10 次，才达到精度要求，而牛顿迭代法仅迭代 3 次就达到精度要求，可见牛顿迭代法的收敛速度是很快的。

6.3.2　牛顿迭代公式的收敛性

牛顿迭代公式(6-14)对应的迭代方程为

$$x=x-\frac{f(x)}{f'(x)},\quad (f'(x)\neq 0) \tag{6-15}$$

所以迭代函数为

$$g(x)=x-\frac{f(x)}{f'(x)}$$

假设 x^* 是方程 $f(x)=0$ 的单根，即 $f(x^*)=0$，又设 $f(x)$ 在 x^* 的邻域内具有连续的二阶导数，且 $f'(x^*)\neq 0$，所以

$$g'(x)=1-\frac{[f'(x)]^2-f(x)f''(x)}{[f'(x)]^2}=\frac{f(x)f''(x)}{[f'(x)]^2} \tag{6-16}$$

在 x^* 邻域内连续，即迭代函数 $g(x)$ 具有连续的一阶导数，由假设知 $f(x^*)=0$，得

$$g'(x^*)=\frac{f(x^*)f''(x^*)}{[f'(x^*)]^2}=0$$

对(6-16)式再求一次导，得

$$g''(x)=\frac{[f'(x)]^2f''(x)+f(x)f'(x)f'''(x)-2[f''(x)]^2f(x)}{[f'(x)]^3}$$

由假设知 $f(x^*)=0$，　$f'(x^*)\neq 0$，得

$$g''(x^*)=\frac{f''(x^*)}{f'(x^*)}$$

所以只要 $f''(x^*)\neq 0$，就有 $g''(x^*)\neq 0$，因而根据定理 6-4 可以断定**牛顿迭代公式(6-14)是平方收敛的**，或称它具有二阶的收敛速度，可见，牛顿法是一种收敛比较快的迭代方法。

牛顿法的局部收敛性对初始值 x_0 要求较高，即要求初始值必须选取得充分接近方程的根才能保证迭代序列 $\{x_k\}$ 收敛于 x^*。实际上，若初始值 x_0 不是选取得充分接近根 x^* 时，牛顿法则收敛得很慢，甚至会发散。为了保证牛顿法的非局部收敛性，必须再增加一些条件。

定理 6-5 （非局部收敛性定理）

设 $f(x)$ 在区间 $[a,b]$ 上存在连续二阶导数，且满足：

(1) $f(a)\cdot f(b)<0$；

(2) $f'(x)\neq 0, x\in[a,b]$；

(3) $f''(x)$ 不变号，$x\in[a,b]$；

(4) 初始值 $x_0\in[a,b]$ 且使 $f''(x_0)\cdot f(x_0)>0$。

则牛顿迭代序列 $\{x_k\}$ 收敛于方程 $f(x)=0$ 在 $[a,b]$ 上的唯一根 x^*。

定理的证明较烦琐，这里从略，但可给出此定理的几何说明。

条件(1)保证了在区间 $[a,b]$ 上方程 $f(x)=0$ 的根 x^* 存在；条件(2)表明 $f(x)$ 在 $[a,b]$ 上是单调函数，因而方程 $f(x)=0$ 在 $[a,b]$ 上有唯一的根 x^*；由条件(2)、(3)知 $f'(x)$ 和 $f''(x)$ 在 $[a,b]$ 上只能是如图 6-4 所示四种情形之一；条件(4)说明在 $[a,b]$ 上 $f'(x)$ 和 $f''(x)$ 同号时，只要选取使得 $f(x_0)$ 和 $f''(x_0)$ 同号的 x_0 作为方程 $f(x)=0$ 的初始值，则牛顿迭代序列 $\{x_k\}$ 必收敛于方程 $f(x)=0$ 在 $[a,b]$ 上的唯一根 x^*。

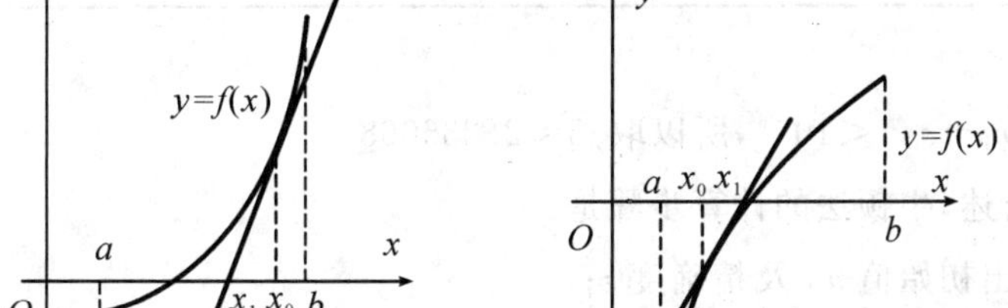

(1) $f''(x)>0$，$f'(x)>0$　　(2) $f''(x)<0$，$f'(x)>0$

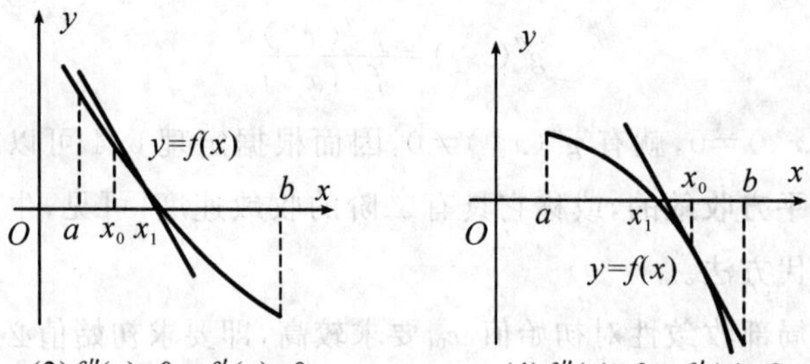

(3) $f''(x)>0,\ f'(x)<0$　　(4) $f''(x)<0,\ f'(x)<0$

图 6-4

例 6.5　设实数 $C>0$,试建立计算 C 的开平方正实根的牛顿迭代公式,并分析其收敛性。

解　作函数 $f(x)=x^2-C(x>0)$,

则方程 $f(x)=0$ 的正根就是$\sqrt{C}$,由(6-14)式得到其牛顿迭代公式

$$x_{k+1}=x_k-\frac{x_k^2-c}{2x_k}=\frac{1}{2}\left(x_k+\frac{c}{x_k}\right),\quad k=0,1,2,\cdots$$

因为 $x>0$ 时,$f'(x)>0$,$f''(x)=2>0$,所以取任意 $x_0\approx\sqrt{C}$作初始值,迭代序列必收敛于$\sqrt{C}$,故迭代公式是收敛的。

例 6.6　用牛顿迭代法计算 $x=\sqrt{5}$,要求 $|x_{k+1}-x_k|<10^{-6}$。

解　选定初始值 $x_0=2$,利用例 6.5 的迭代公式取 $c=5$ 并将计算结果列于表 6-6。

表 6-6

k	x_k	$\lvert x_{k+1}-x_k\rvert$	k	x_k	$\lvert x_{k+1}-x_k\rvert$
0	2		3	2.236068	0.000043
1	2.25	0.25	4	2.236068	0.000000
2	2.23611	0.01389			

因为 $|x_4-x_3|<10^{-6}$,所以取$\sqrt{5}\approx2.236068$。

综上所述,牛顿法的计算步骤是:

(1)给出初始值 x_0 及精确度 ε;

(2)计算 $x_1=x_0-\dfrac{f(x_0)}{f'(x_0)}$;

(3)若$|x_1-x_0|<\varepsilon$,则$x^*\approx x_1$;否则将x_1替代初始值x_0转向(2)。继续前面的做法,直到$|x_{k+1}-x_k|<\varepsilon$,则停止迭代,取$x^*\approx x_{k+1}$。

6.4 弦 截 法

用牛顿迭代法解方程$f(x)=0$的优点是收敛速度快,但牛顿迭代法有个明显的缺点,就是每迭代一次都要计算导数$f'(x_k)$,当$f(x)$比较复杂时,计算$f'(x_k)$可能十分麻烦。尤其当$|f'(x_k)|$很小时,计算要很精确,否则会产生很大的舍入误差,有时$f'(x)$还可能不存在。若用差商来代替导数计算,则会带来不少的方便,下面介绍的求方程根的弦截法便是基于这种想法。

6.4.1 弦截法公式

设x_k为方程$f(x)=0$的近似根,x_0为初始值,为了避免牛顿法中的导数计算,我们用差商

$$\frac{f(x_k)-f(x_0)}{x_k-x_0} \tag{6-17}$$

来代替(6-14)式中的导数$f'(x_k)$,便得到迭代公式

$$x_{k+1}=x_k-\frac{f(x_k)}{f(x_k)-f(x_0)}(x_k-x_0),\quad k=1,2,\cdots \tag{6-18}$$

(6-18)式称为**弦截法公式**,用(6-18)式求方程根的方法称为**弦截法**。

公式(6-18)的几何意义如图6-5所示。

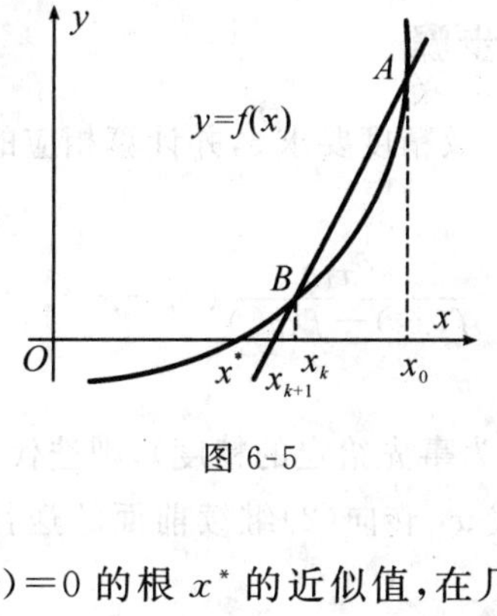

图6-5

用弦截法求方程$f(x)=0$的根x^*的近似值,在几何上表示曲线$y=f(x)$上点A的横坐标为x_0,点B的横坐标为x_k,则弦$\overline{AB}$的斜率为差商

$\dfrac{f(x_k)-f(x_0)}{x_k-x_0}$。可见，由(6-18)式求出的 x_{k+1} 实际上是割线 $\overline{AB}$ 与 x 轴交点的横坐标，以 x_{k+1} 作为根 x^* 新的近似值，因此称该公式为**弦截法公式**。

与牛顿迭代法一样，当 $f(x)$ 在根 x^* 的邻近区间内有直至二阶的连续导数，且 $f'(x)\neq 0$ 时，弦截法的迭代公式(6-18)可以看作是由方程 $f(x)=0$ 的等价方程

$$x=x-\frac{f(x)}{f(x)-f(x_0)}(x-x_0)$$

建立的迭代公式，因此(6-18)式的迭代函数为

$$g(x)=x-\frac{f(x)}{f(x)-f(x_0)}(x-x_0) \tag{6-19}$$

对(6-19)式求导，得

$$g'(x)=1+\frac{f'(x)f(x_0)}{[f(x)-f(x_0)]^2}(x-x_0)-\frac{f(x)}{f(x)-f(x_0)}$$

因为

$$f(x^*)=0$$

所以

$$g'(x^*)=1+\frac{f'(x^*)}{f(x_0)}(x^*-x_0)=1-\frac{f'(x^*)}{\dfrac{f(x^*)-f(x_0)}{x^*-x_0}}$$

当 x_0 充分接近 x^* 时，$0<|g'(x^*)|<1$，可见弦截法公式具有局部收敛性。同时由定理 6-4 可知弦截法为线性收敛。由此可见，弦截法的收敛速度虽然比牛顿迭代法慢，但它的优点是不需要计算导数值，但要注意的是用弦截法计算时要取两个初始值 x_0, x_1。

6.4.2 弦截法的计算步骤

(1)选定初始值 x_0, x_1 及精度要求 ε，并计算相应的函数值 $f(x_0), f(x_1)$。

(2)按公式(6-18)

$$x_{k+1}=x_k-\frac{f(x_k)}{f(x_k)-f(x_0)}(x_k-x_0),\quad k=1,2,\cdots$$

取 $k=1$ 时，计算出 x_2。

(3)若 $|x_2-x_1|<\varepsilon$(ε 为事先给定的精度)，则迭代停止，并取 $x^*\approx x_2$；否则，计算出 $f(x_2)$ 并将 x_2 替代 x_1 转向(2)继续前面的迭代，直到 $|x_{k+1}-x_k|<\varepsilon$，则取 $x^*\approx x_{k+1}$。

例 6.7 用弦截法求方程

$$x^3-x^2-1=0$$

在 $x=1.5$ 邻近的根，要求 $\varepsilon=\frac{1}{2}\times10^{-7}$。

解 取 $x_0=1.5, x_1=1.4$ 按(6-18)式迭代得表 6-7。

表 6-7

k	x_k	$f(x_k)$
0	1.5	0.125
1	1.4	-0.216
2	1.463343108	-7.80955×10^{-3}
3	1.465719207	5.19807×10^{-4}
4	1.465570923	-1.13×10^{-6}
5	1.465571244	2.9×10^{-8}

因为 $|x_5-x_4|<\frac{1}{2}\times10^{-7}$，所以取 $x^*\approx1.465571244$ 作为方程的近似根。

6.4.3 快速弦截法

设 x_{k-1}, x_k 为方程 $f(x)=0$ 的近似值，为了提高收敛速度，改用差商

$$\frac{f(x_k)-f(x_{k-1})}{x_k-x_{k-1}}$$

代替牛顿迭代公式(6-14)中的导数 $f'(x_k)$，导出下面的迭代公式

$$x_{k+1}=x_k-\frac{f(x_k)}{f(x_k)-f(x_{k-1})}(x_k-x_{k-1}),\quad k=1,2,\cdots \tag{6-20}$$

(6-20)式称为**快速弦截公式**，这种迭代方法称为**快速弦截法**。

注意：弦截法和快速弦截法计算一开始，都需要给出两个初始值 x_0, x_1 代入公式才能求出 x_2，但到以后计算 $x_{k+1}(k>1)$ 时，弦截法只需用前面的信息 x_k 及 x_0，而快速弦截法却需用到前面两步信息 x_k 及 x_{k-1}。即用 x_1, x_2 代替 x_0, x_1，由(6-20)式得 x_3，一般用 x_{k-1}, x_k 代替 x_{k-2}, x_{k-1} 由(6-20)式得 x_{k+1}。当 $|x_{k+1}-x_k|<\varepsilon$（$\varepsilon$ 为精度要求），则取 $x^*\approx x_{k+1}$。

例 6.8 用快速弦截法求解方程

$$xe^x-1=0$$

在初始值 $x_0=0.5$ 邻近的一个根，要求 $|x_{k+1}-x_k|<0.0001$。

解 取 $x_0=0.5, x_1=0.6$ 作为初始值，用快速弦截公式(6-20)计算，将计算

出的结果列于表 6-8 中，与例 6.4 用牛顿法计算的结果相比较，可以看出快速弦截公式(6-20)的收敛速度略低于牛顿迭代法，但比简单迭代法要快得多，然而它不需要计算 $f'(x_k)$的值，这是它的一个明显优点。可以证明，快速弦截法具有超线性收敛速度，收敛的阶为$\frac{(1+\sqrt{5})}{2}\approx 1.618$。

表 6-8

k	x_k	$\lvert x_{k+1}-x_k\rvert$
0	0.5	
1	0.6	
2	0.56754	0.03246
3	0.56715	0.00039
4	0.56714	0.00001

因为$\lvert x_4-x_3\rvert<0.0001$，所以取 $x^*\approx 0.56714$ 作为方程的近似根。

6.5　MATLAB 程序与算例

1. 二分法求非线性方程 $f(x)=0$ 在$[a,b]$内根的 MATLAB 程序

```
function  [x_star,k]=bisect (fun,a,b,ep)
% 二分法解非线性方程 f(x)=0
% fun(x)为要求根的函数 f(x),a,b 为初始区间的端点
% ep 为精度(默认值为 1e-5),当(b-a)/2<ep 时终止计算
% x_star 为迭代成功时的方程的根,k 表示迭代次数
% 当输出迭代次数 k 为 0 时表示在此区间没有根存在
if nargin<4 ep=1e-5;end
fa=feval(fun,a);fb=feval(fun,b);
if fa * fb>0 x_star=[fa,fb];k=0;return;end
k=1;
while abs(b-a)/2>e
    x=(a+b)/2;fx=feval(fun,x);
    if fx * fa<0
        b=x;fb=fx;
```

```
    else
        a=x;fa=fx;
    end
    k=k+1;
end
x_star=(a+b)/2;
```

例 6.9 用二分法求方程 $f(x)=x^3-x-1=0$ 在区间[1,1.5]内的一个实根,要求误差不超过 0.005。

解 在 MATLAB 命令窗口键入

```
>> fun=inline('x^3-x-1');[x_star,k]=bisect (fun,1,1.5,0.005)
```

得到

```
x_star=1.3242   k=7
```

计算结果见表 6.9:

取 $x_7=1.3242\approx x^*$, $|x_7-x_6|<0.005\leqslant 0.005$。

表 6.9

k	a_k	b_k	x_k	$f(x_k)$的符号
1	1.0000	1.5000	1.2500	−
2	1.2500	1.5000	1.3750	+
3	1.2500	1.3750	1.3125	−
4	1.3125	1.3750	1.3438	+
5	1.3125	1.3438	1.3281	+
6	1.3125	1.3281	1.3203	−
7	1.3203	1.3281	1.3242	−

2. 牛顿法解非线性方程 $f(x)=0$ 的 MATLAB 程序

建立函数式 M 文件,函数名为 Newton.m,

```
function y=Newton(f,df,x0,eps,M)
% f,df 分别为 f(x)及其导数的 M 函数句柄或内嵌函数
% x0 为迭代初值,eps 为精度
% M 为迭代次数上限以防发散,x 为返回解
d=0;
for k=1:M
```

```
if feval(df,x0)==0
d=2;break
else
x1=x0-feval(f,x0)/feval(df,x0);
end
e=abs(x1-x0);x0=x1;
if e<=eps&abs(feval(f,x1)<=eps
d=1;break
end
end
if d==1
y=x1;
elseif d==0
y='迭代M次失败';
else
y='奇异'
end
```

例 6.10 用牛顿法求方程

$$xe^x-1=0$$

在 $x_0=0.5$ 附近的根,允许误差为 $\frac{1}{2}\times10^{-4}$。

解 分别定义被积函数 f.m 和 df.m:

```
function y=f(x)
y=x*exp(x)-1;
function y=df(x)
y=x*exp(x)+exp(x);
```

在MATLAB命令窗口键入

```
>> x0=0.5;
>> eps=-.00005;
>> M=100;
>> x=Newton('f','df',x0,eps,M)
```

结果显示:

```
x=0.5671
```

小 结

本章讨论非线性方程 $f(x)=0$ 求实根的一些数值解法。

对分法的方法简单,它的收敛速度较慢,仅有线性收敛速度,且对 $f(x)$的性质要求不高,该方法不能用于求偶数重根或复根,但可以用来确定迭代法的初始值。

简单迭代法是数值计算中常用的有效方法,是一元非线性方程求实根的主要方法。使用各种迭代公式关键是要判断它的收敛性以及了解收敛速度,特别要注意,只具有局部收敛性的简单迭代方法,往往对初始值 x_0 的选取要求特别高。

牛顿迭代法是方程求根中常常用到的一种迭代方法,它除了具有简单迭代法的优点外,还有在单根邻近处具有平方收敛速度的特点。但牛顿迭代法对初始值的选取比较苛刻,如果初始值选取比较差,则牛顿迭代法可能不收敛。

弦截法虽然比牛顿迭代法收敛慢,但因它不需要计算 $f(x)$的导数,所以有时宁可用弦截法而不用牛顿迭代。弦截法也要求初始值必须选取得充分靠近方程的根,否则也可能不收敛。

习 题 6

1. 用对分法求方程 $x^3-x-1=0$ 在区间(1,1.5)内的根,要求误差不超过0.01.

2. 方程 $x^3-x^2-1=0$ 在初始值 $x_0=1.5$ 附近有一个根,把方程改写成三种不同的等价方程,并建立相应的简单迭代公式如下:

$$\left.\begin{array}{ll}(1)\, x=1+\dfrac{1}{x^2}, & x_{k+1}=1+\dfrac{1}{x_k^2};\\ (2)\, x=\sqrt[3]{1+x^2}, & x_{k+1}=\sqrt[3]{1+x_k^2};\\ (3)\, x=\dfrac{1}{\sqrt{x-1}}, & x_{k+1}=\dfrac{1}{\sqrt{x_{k-1}}}。\end{array}\right\} \quad k=0,1,2,\cdots$$

试判断上述各迭代公式在 $x_0=1.5$ 附近的收敛性,并估计收敛速度,然后选一种迭代公式求出具有 3 位有效数字的近似根。

3. 设有方程 $f(x)=\mathrm{e}^x+10x-2=0$,试用简单迭代公式 $x_{k+1}=(2-\mathrm{e}^{x_k})/10$(取 $x_0=0$),$k=0,1,2,\cdots$,求方程的近似根,要求 $|x_{k+1}-x_k|<10^{-3}$。

4. 设 $g(x)=x+c(x^2-3)$，应如何选取 c 才能使简单迭代公式 $x_{k+1}=g(x_k)$，$k=0,1,2,\cdots$，具有局部收敛性。

5. 用简单迭代法求方程 $x-\ln(x+2)=0$ 在区间 $[0,2]$ 上的一个根，要求 $|x_{k+1}-x_k|<10^{-3}$。

6. 用牛顿迭代法求方程 $f(x)=(x-4.3)^2(x^2-54)=0$ 在区间 $[7,8]$ 上的一个根，要求 $|x_{k+1}-x_k|<10^{-6}$。

7. 用牛顿迭代法求方程 $x^3-3x-1=0$ 在初始值 $x_0=1.5$ 邻近的一个正根，要求 $|x_{k+1}-x_k|<10^{-3}$。

8. 用牛顿迭代法解方程 $\frac{1}{x}-c=0$，导出计算数 c 的倒数而不用除法的一种简单迭代公式。用此公式求 0.324 的倒数，设初始值 $x_0=3$，要求计算结果有 5 位有效数字。

9. 用牛顿迭代法解方程 $x^3-a=0(a>0)$，导出求 $\sqrt[3]{a}$ 的一个迭代公式，并讨论其收敛性。

10. 用弦截法求方程 $x^3-3x-1=0$ 在 $x_0=2$ 邻近的一个实根，保留三位小数。

11. 用快速弦截法求方程 $1-x-\sin x=0$ 的根，取 $x_0=0$，$x_1=1$ 计算直到 $|1-x-\sin x|\leqslant\frac{1}{2}\times10^{-2}$ 为止。

12. 分别用下列方法求方程 $4\cos x=e^x$ 在 $x_0=\frac{\pi}{4}$ 邻近的根，要求有三位有效数字。

(1) 用牛顿迭代法，取 $x_0=\frac{\pi}{4}$；

(2) 用弦截法，取 $x_0=\frac{\pi}{4}$，$x_1=\frac{\pi}{2}$；

(3) 用快速弦截法，取 $x_0=\frac{\pi}{4}$，$x_1=\frac{\pi}{2}$。

第7章　常微分方程初值问题的数值解法

7.1　引　言

工程技术和自然科学中的许多问题，在数学上往往可以归结为求解微分方程的形式。关于常微分方程的求解，我们曾学过各种解析方法（如分离变量法、齐次方程的解法及可降阶的高阶微分方程的解法等），但这些都是特殊类型的微分方程的解法。而在实际中，例如，结构自由振动、电磁振动等问题所归结的微分方程问题大多数并不能用解析方法求出其精确解，而只能用近似方法求解。这种近似方法可分为两大类：一类是近似解析法，如逐次逼近法、级数解法等；另一类则是数值解法，它可以求出方程在一些离散点上的近似值。

在具体求解微分方程时，要有某种定解条件，微分方程与定解条件在一起称为**定解问题**。定解条件有两种：一种是给出积分曲线在初始点的状态，称作**初始条件**，相应的定解问题称作初值问题；另一种是给出积分曲线首尾两端的状态，称作**边界条件**，相应的定解问题称作**边值问题**。本章仅介绍一阶常微分方程初值问题的数值解法。

一阶常微分方程的初值问题

$$\begin{cases} y'=f(x,y), \quad a\leqslant x\leqslant b & (7\text{-}1) \\ y(x_0)=y_0 & (7\text{-}2) \end{cases}$$

如果函数 $f(x,y)$ 在带形区域 R

$$\{(x,y)\,|\,a\leqslant x\leqslant b,-\infty<y<+\infty\}$$

中为 x,y 的连续函数，且对任意的 y 满足

$$|f(x,y_1)-f(x,y_2)|\leqslant L|y_1-y_2|$$

其中：$(x,y_1),(x,y_2)\in R$ 中任意两点，L 为正常数，则初值问题(7-1)、(7-2)的解函数 $y=y(x)$ 存在且唯一，本节中总假定所讨论的方程满足上述条件。

所谓数值方法的任务，就是要寻求这个唯一存在的解函数 $y=f(x)$ 在离散节点上的近似值 $y_i(i=0,1,2,\cdots)$。

数值解法的基本思想是：在初值问题(7-1)、(7-2)解函数存在的区间 $a \leqslant x \leqslant b$ 上插入一系列节点

$$a=x_0<x_1<x_2<\cdots<x_{n-1}<x_n=b$$

$h_i=x_i-x_{i-1}$ 称为由节点 x_{i-1} 到节点 x_i 的**步长**，步长 $h_i(i=1,2,\cdots n)$ 可以不相等，若取成相等的，这时下标可以略去，记作 $h=\dfrac{b-a}{n}$ 称为**等步长**。在这些节点上用离散化方法(通常用数值积分、数值微分、泰勒展开等)，将连续型的微分方程转化成离散型的代数方程即差分方程来求解。其具体作法是：利用已知的初始值 $y(x_0)$，由具体算式求出下一节点 x_1 处的 $y(x_1)$ 的近似值 y_1，再由 y_1 求出 y_2，…如此继续下去，直到求出 y_n 为止。这种用节点的排列顺序一步一步地向前推进的算法称为**步进式**或**递推式**算法，所用的数值计算方法称为初值问题(7-1)、(7-2)的**数值解法**，所求出的近似值 $y_i(i=1,2,\cdots n)$ 称为初值问题(7-1)、(7-2)的**数值解**，如果数值解 y_i 当 $h\to 0(i\to\infty)$ 时趋向于准确解 $y(x_i)$，则称该方法是收敛的，否则，发散。

本章将介绍一阶常微分方程初值问题的几个常用的数值解法，如尤拉(Euler)法、龙格-库塔(Runge-Kutta)法。最后介绍数值解的收敛性和稳定性问题。

7.2　尤拉(Euler)方法

尤拉法是解常微分方程初值问题最简单的数值解法。由于它不够精确，所以实际计算时很少被采用。但是它能反映数值方法的基本思路，因此，仍有必要介绍它。

7.2.1　尤拉公式

初值问题(7-1)、(7-2)的求解，实际上可以写成如下积分形式。

将方程(7-1)的两端从 x_i 到 x_{i+1} 积分

$$\int_{x_i}^{x_{i+1}} y'(t)\mathrm{d}t=\int_{x_i}^{x_{i+1}} f(t,y(t))\mathrm{d}t$$

得

$$y(x_{i+1})=y(x_i)+\int_{x_i}^{x_{i+1}} f(t,y(t))\mathrm{d}t \tag{7-3}$$

式中：被积函数隐含未知函数 $y(t)$，故不能直接积分，但是可以利用数值积分法来近似。

(7-3)式右端的积分若取成数值积分的矩形公式，即取 $f(x_i,y(x_i))$ 与 $h=x_{i+1}-x_i$ 分别作为矩形的长和宽，则有

$$\int_{x_i}^{x_{i+1}} f(t,y(t))\mathrm{d}t=h\cdot f(x_i,y(x_i))+\frac{h^2}{2}y''(\eta_i)$$

$$i=1,2,\cdots,n$$

式中：$x_i<\eta_i<x_{i+1}$，当 h 充分小时，舍去误差项 $R_1[f]=\frac{h^2}{2}y''(\eta_i)$，有

$$y(x_{i+1})\approx y(x_i)+h\cdot f(x_i,y(x_i))$$

用 y_i 近似代替 $y(x_i)$，并将计算出的右端值 y_{i+1} 作为 $y(x_{i+1})$ 的近似值。于是，得出初值问题(7-1)、(7-2)的离散化形式

$$\begin{cases} y_0=y(x_0) \\ y_{i+1}=y_i+hf(x_i,y_i), \quad i=0,1,2,\cdots,n \end{cases} \tag{7-4}$$

(7-4)式称为**尤拉公式**。利用它可由已知的初值 y_0 出发，逐步算出 $y_1,y_2,\cdots,y_n$。这类形式的方程也称为**差分方程**。

利用尤拉公式(7-4)求常微分方程数值解的方法称为尤拉方法，简称**尤拉法**。

尤拉公式的几何意义非常明显，因为常微分方程(7-1)、(7-2)的解在 xOy 平面上表示为积分曲线，其中，通过点 $P_0(x_0,y_0)$ 的那条积分曲线 $y=y(x)$ 为常微分方程初值问题(7-1)、(7-2)的解。用尤拉公式求数值解的几何意义是：如图 7-1 所示先在初始点 $P_0(x_0,y_0)$ 处作积分曲线 $y=y(x)$ 的切线，该切线的斜率为 $f(x_0,y_0)$，记此切线与直线 $x=x_1$ 的交点为 $P_1(x_1,y_1)$，然后以 $f(x_1,y_1)$ 为斜率过点 $P_1(x_1,y_1)$ 作一直线与直线 $x=x_2$ 的交点为 $P_2(x_2,y_2)$。如此继续下去，可得一折线 $P_0P_1P_2\cdots P_n$。

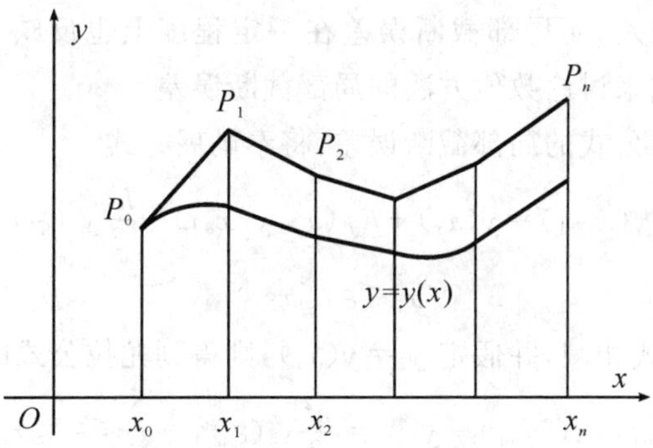

图 7-1 尤拉公式的几何意义

容易验证，该折线上各个顶点的纵坐标 $y_i(i=1,2,\cdots,n)$ 就是尤拉公式计算得到的近似解。因此，**尤拉方法又称为尤拉折线法**。

尤拉公式的导出是用矩形求积公式计算(7-3)式右端的积分而得到的，由于矩形公式的精度很低，所以导出的尤拉公式精度也很低。为了提高精度，利用数值积分的梯形公式计算(7-3)式右端的积分，则有

$$\int_{x_i}^{x_{i+1}} f(t,y(t))\mathrm{d}t = \frac{h}{2}[f(x_i,y(x_i))+f(x_{i+1},y(x_{i+1}))]+R_2[f]$$

舍去误差项 $R_2[f]$，将其中的 $y(x_i)$、$y(x_{i+1})$ 分别用 y_i、y_{i+1} 近似代替，则得

$$y_{i+1}=y_i+\frac{h}{2}[f(x_i,y_i)+f(x_{i+1},y_{i+1})] \quad i=0,1,2,\cdots,n \tag{7-5}$$

这就是**梯形公式**，其积分误差项为

$$R_2[f]=-\frac{h^3}{12}y'''(\eta_i),\quad \eta_i \text{ 在 } x_i,x_{i+1} \text{ 之间} \tag{7-6}$$

应当注意，尤拉公式(7-4)与梯形公式(7-5)在计算上有一个区别：(7-4)式中的 y_{i+1} 可直接由 y_i 算出，而不必解方程，这类情形通常叫做**显式方法**；而(7-5)式由于其右端含有未知的 y_{i+1}，实际上是关于 y_{i+1} 的方程，常使用迭代法求解 y_{i+1}，故这类情形被称作**隐式方法**。

7.2.2　尤拉公式的截断误差

对于数值方法，若假定在前 n 个节点处的数值解等于其精确解，即 $y_i=y(x_i)(i=0,1,2,\cdots,n-1)$ 记

$$R_{i+1}=y_{i+1}-y(x_{i+1})$$

称 R_{i+1} 为数值方法(在节点 x_{i+1} 处)的**局部截断误差**。它仅是由 i 到 $i+1$ 这一步方法所引起的误差，而局部截断误差在一定程度上也反映了该方法的精度。通常用泰勒展开式来讨论数值方法的局部截断误差。

下面讨论尤拉公式的局部截断误差，将泰勒展开式

$$y(x_{i+1})=y(x_i)+hf(x_i,y(x_i))+\frac{h^2}{2}y''(\xi_i)$$

$$x_i\leqslant\xi_i\leqslant x_{i+1}$$

与尤拉公式(7-4)式相减，并假定 $y_i=y(x_i)$，则得到尤拉公式的局部截断误差

$$R_{i+1}=y(x_{i+1})-y_{i+1}=\frac{h^2}{2}y''(\xi_i),\quad x_i\leqslant\xi_i\leqslant x_{i+1}$$

简记为

$$R_{i+1}=O(h^2)$$

定义 7.1 若一种数值方法的局部截断误差为

$$R_{i+1}=O(h^{p+1})$$

则称该方法具有 P **阶精度**或 P **阶方法**。

从以上讨论可知,尤拉公式(7-4)的局部截断误差为 $O(h^2)$,故称尤拉公式(7-4)具有**一阶精度**或称它是**一阶方法**,而梯形公式(7-5)的局部截断误差为 $O(h^3)$,称梯形公式(7-5)具有**二阶精度**或**二阶方法**。

7.2.3 改进尤拉公式

显式尤拉公式计算工作量小,但精度低;梯形公式虽然提高了精度,但为隐式,并且它每一步都要解一个方程,计算量较大。因而在实际计算中我们将这两种公式结合起来使用。其做法是:先用尤拉公式(7-4)求出一个初步的近似值,记作 $\overline{y}_{i+1}$,称之为**预报值**,然后使用梯形公式(7-5)作校正,即用预报值 $\overline{y}_{i+1}$ 代替(7-5)式右端的 y_{i+1},再直接计算,得到的值 y_{i+1} 就是校正值,这样建立起来的预报-校正公式称作为**改进尤拉公式**。即

$$\begin{cases}\text{预报} & \overline{y}_{i+1}=y_i+hf(x_i,y_i)\\ \text{校正} & y_{i+1}=y_i+\dfrac{h}{2}[f(x_i,y_i)+f(x_{i+1},\overline{y}_{i+1})] \quad i=0,1,2,\cdots,n\end{cases} \tag{7-7}$$

利用改进尤拉公式(7-7)求常微分方程数值解的方法称为**改进尤拉法**。

隐式迭代方法是收敛的;但在迭代中要反复计算 f 之值,因而工作量增加。为了解决迭代的困难,改进尤拉法使隐式方程能通过显式求解,并且可以证明公式(7-7)具有二阶精度。

为了便于编制上机程序在具体计算时可以将公式(7-7)写成下列形式:

$$\begin{cases}y_p=y_i+hf(x_i,y_i)\\ y_c=y_i+hf(x_{i+1},y_p)\\ y_{i+1}=\dfrac{1}{2}(y_p+y_c)\end{cases} \tag{7-8}$$

例 7.1 试分别用尤拉法和改进尤拉法求下列初值问题,并比较它们的精度

$$\begin{cases}y'=y-\dfrac{2x}{y}\\ y(0)=1\end{cases}$$

取步长 $h=0.1$，试求从 $x=0$ 到 $x=1$ 各节点上的数值解。

解　这个方程的准确解是 $y=\sqrt{1+2x}$，可用来验证近似解的精确程度。

(1)用尤拉法计算时，尤拉公式为

$$y_{i+1}=y_i+0.1\left(y_i-\frac{2x_i}{y_i}\right),\quad i=0,1,2,\cdots,10$$

已知 $x_0=0, y_0=1$ 用上面计算公式可求出各节点上的数值解，计算结果见表 7-1。

表 7-1

x_i(节点)	y_i(尤拉法)	y_i(改进尤拉法)	$y(x_i)=\sqrt{1+2x_i}$
0	1	1	
0.1	1.100000	1.095909	1.095445
0.2	1.191818	1.184097	1.183216
0.3	1.277438	1.266201	1.264911
0.4	1.358213	1.343360	1.341641
0.5	1.435133	1.416402	1.414214
0.6	1.508966	1.485956	1.483240
0.7	1.580338	1.552514	1.549193
0.8	1.649783	1.616475	1.612452
0.9	1.717779	1.678166	1.673320
1	1.784770	1.737867	1.732051

(2)用改进尤拉法计算时，预报-校正公式为

$$\begin{cases} y_p=y_i+0.1\left(y_i-\dfrac{2x_i}{y_i}\right) \\ y_c=y_i+0.1\left(y_p-\dfrac{2x_{i+1}}{y_p}\right), \quad (i=0,1,2,\cdots,10) \\ y_{i+1}=\dfrac{1}{2}(y_p+y_c) \end{cases}$$

当 $x_0=0, y_0=1$ 时

$$\begin{cases} y_p=1+0.1(1-0)=1.1 \\ y_c=1+0.1\left(1.1-\dfrac{2\times 0.1}{1.1}\right)=1.091818 \\ y_1=\dfrac{1}{2}(1.1+1.091818)=1.095909 \end{cases}$$

再求 y_2

$$\begin{cases} y_p = y_1 + 0.1\left(y_1 - \dfrac{2x_1}{y_1}\right) = 1.187250 \\ y_c = y_1 + 0.1\left(y_p - \dfrac{2x_2}{y_p}\right) = 1.180943 \\ y_2 = \dfrac{1}{2}(y_p + y_c) = 1.184097 \end{cases}$$

这样继续计算下去其结果也列于表 7-1。同表 7-1 中的第四列准确解比较,第 2 列尤拉公式的结果大约只有两位有效数字,而第三列改进尤拉公式的结果则有三位有效数字。

7.3 龙格-库塔(Runge-Kutta)方法

为进一步提高常微分方程初值问题求解的精度 ,可用一种高精度的单步法——龙格-库塔方法,简称 R-K 方法。

7.3.1 龙格-库塔方法的基本思想

尤拉公式又可表示为

$$y_{i+1} = y_i + hk_1, \quad i = 0, 1, 2, \cdots, n-1$$

式中:$k_1 = f(x_i, y_i)$,用它来计算 y_{i+1},需要计算一次 $f(x,y)$的值,局部截断误差为 $O(h^2)$,改进的尤拉公式可表示为

$$y_{i+1} = y_i + \frac{h}{2}(k_1 + k_2)$$

式中:$k_1 = f(x_i, y_i)$,$k_2 = f(x_{i+1}, y_i + hk_1)$。

需计算两次 $f(x,y)$的值,局部截断误差为 $O(h^3)$。将尤拉法与改进尤拉法比较,自然会联想到:增加计算 $f(x,y)$在不同点的值,是否能够提高局部截断误差的阶?下面作几何说明。对于

$$\frac{y(x_{i+1}) - y(x_i)}{h}$$

由微分中值定理,存在 $\theta \in (0,1)$使得

$$\frac{y(x_{i+1}) - y(x_i)}{h} = y'(x_i + \theta h) = f(x_i + \theta h, y(x_i + \theta h))$$

所以

$$y(x_{i+1}) = y(x_i) + hf(x_i + \theta h, y(x_i + \theta h)) \tag{7-9}$$

式中：$y'(x_i+\theta h)=f(x_i+\theta h, y(x_i+\theta h)=\bar{k}$ 可看作曲线 $y=y(x)$ 在 $[x_i, x_{i+1}]$ 上的平均斜率，由微分中值定理知(7-9)式是精确表达式。但是一般无法求得 $y'(x_i+\theta h)$，因此，平均斜率 $\bar{k}$ 采用不同的近似方法，就可得到不同的计算公式。

尤拉公式

$$y_{i+1}=y_i+hf(x_i, y_i) \quad (i=0,1,2,\cdots,n)$$

由于只取 x_i 一个点的斜率 $f(x_i, y_i)$ 作为平均斜率 $\bar{k}$ 的近似值，故精度很低。

改进尤拉公式

$$y_{i+1}=y_i+\frac{h}{2}(k_1+k_2)$$

式中：$k_1=f(x_i, y_i)$，$k_2=f(x_{i+1}, y_i+hk_1)$。

可见，改进尤拉公式是用 $[x_i, x_{i+1}]$ 上两个端点的斜率 k_1 和 k_2 取算术平均值作为 $\bar{k}$ 的近似值，所以精度比尤拉公式高。

这个处理过程启发我们：如果在 $[x_i, x_{i+1}]$ 内多取几个点的斜率值，然后把它们的线性组合作为平均斜率 $\bar{k}$ 的近似值，则有可能构造出更高精度的计算公式，这样，不仅避免了求函数 $f(x, y)$ 的偏导数的困难，又提高了计算方法的精度，这就是建立龙格－库塔方法的基本思想。

7.3.2　二阶龙格-库塔公式

考虑在 $[x_i, x_{i+1}]$ 上取两点 x_i, x_{i+p} $(0<p\leqslant 1)$（图 7-2）的斜率值 k_1, k_2 的线性组合 $\lambda_1 k_1+\lambda_2 k_2$ 作为 $\bar{k}$ 的近似值（λ_1, λ_2 为待定常数），则公式一般形式可写成

$$y_{i+1}=y_i+h(\lambda_1 k_1+\lambda_2 k_2)$$

式中：$k_1=f(x_i, y_i)$，k_2 为 $[x_i, x_{i+1}]$ 内任一点 $x_{i+p}=x_i+ph$ $(0<p\leqslant 1)$ 的斜率 $f(x_{i+p}, y(x_{i+p}))$。同样 $y(x_{i+p})$ 并没有给出，仿照改进尤拉公式的构造思想构造出的公式为

$$\begin{cases} y_{i+1}=y_i+h(\lambda_1 k_1+\lambda_2 k_2) \\ k_1=f(x_i, y_i) \\ k_2=f(x_i+ph, y_i+phk_1) \end{cases} \tag{7-10}$$

$$y_{i+p}=y_i+phf(x_i, y_i)=y_i+phk_1$$

图 7-2

公式(7-10)含有三个参数 λ_1,λ_2 和 p,我们希望适当选取参数的值,使得公式(7-10)具有二阶精度,它的局部截断误差为 $O(h^3)$。

假定对 k_1 和 k_2 作泰勒展开

$$k_1 = f(x_i, y_i) = y_i'$$

$$\begin{aligned} k_2 &= f(x_{i+p}, y_i + phk_1) = f(x_i + ph, y_i + phk_1) \\ &= f(x_i, y_i) + phf_x'(x_i, y_i) + phk_1 f_y'(x_i, y_i) + O(h^2) \\ &= y'_i(x_i) + phy''(x_i) + O(h^2) \end{aligned}$$

代入公式(7-10)得

$$y_{i+1} = y(x_i) + h(\lambda_1 + \lambda_2)y'(x_i) + \lambda_2 ph^2 y''(x_i) + O(h^3) \qquad (*)$$

又 $y(x)$在 x_i 处的二阶泰勒展开式为

$$y(x) = y(x_i) + y'(x_i)(x - x_i) + \frac{y''(x_i)}{2!}(x - x_i)^2 + \frac{y'''(\eta)}{3!}(x - x_i)^3$$

η 介于 x 与 x_i 之间

当 $x = x_{i+1}$时, $\dfrac{y'''(\eta)}{3!}(x - x_i)^3 = O(h^3)$,有

$$y(x_{i+1}) = y(x_i) + hy'(x_i) + \frac{h^2}{2!}y''(x_i) + O(h^3) \qquad (**)$$

比较(*)式与(**)式的系数即可发现,要使公式(7-10)的局部截断误差 $y_{i+1} - y(x_{i+1}) = O(h^3)$,即要求公式(7-10)具有二阶精度只要下列条件成立即可

$$\begin{cases} \lambda_1 + \lambda_2 = 1 \\ \lambda_2 p = \dfrac{1}{2} \end{cases} \qquad (7\text{-}11)$$

这里是两个方程而有三个未知量,因此有一个未知量可作为自由参数,这表示有无穷多组解满足条件(7-11)式,我们将满足条件(7-11)式的每一组解代入公式(7-10)得到的公式统称为**二阶龙格-库塔公式**。

特别当取 $p = 1$,$\lambda_1 = \lambda_2 = \dfrac{1}{2}$时,代入(7-10)式得到的二阶龙格-库塔公式就是改进尤拉公式。

如果取 $p = \dfrac{1}{2}$,$\lambda_1 = 0$,$\lambda_2 = 1$,这时代入(7-10)式得到的二阶龙格-库塔公式就称作变形的尤拉公式,其形式为

$$\begin{cases} y_{i+1} = y_i + hk_2 \\ k_1 = f(x_i, y_i) \\ k_2 = f\left(x_i + \dfrac{h}{2}, y_i + \dfrac{h}{2}k_1\right) \end{cases} \qquad (7\text{-}12)$$

须注意：$y_i+\frac{h}{2}k_1$ 就是尤拉方法预报出的中点 $x_i+\frac{h}{2}=x_{i+\frac{1}{2}}$ 处的近似解；而 $k_2=f\left(x_i+\frac{h}{2},y_i+\frac{h}{2}k_1\right)$则近似等于中点的斜率值 $f(x_i+\frac{h}{2},y(x_{i+\frac{1}{2}}))$；所以公式(7-12)可以看作用中点的斜率近似代替(7-9)式中的平均斜率$\overline{k}$,因此，公式(7-12)也称作**中点公式**。

公式 $y_{i+1}=y_i+hk_2$ 表面上看仅含一个斜率值 k_2，其实 k_2 要通过 k_1 得出，因此每做一步仍要计算两次 $f(x,y)$的值，工作量和改进的尤拉法相同。

7.3.3　三阶龙格-库塔公式

为了提高精度，考虑在$[x_i,x_{i+1}]$上取三点 x_i,x_{i+p},x_{i+q}(图 7-3)的斜率值分别为 k_1,k_2,k_3，将 k_1,k_2,k_3 的线性组合作为平均斜率的近似值，其中

$$x_{i+q}=x_i+qh$$

$$0<p\leqslant q<1$$

这时计算公式为

$$y_{i+1}=y_i+h(\lambda_1k_1+\lambda_2k_2+\lambda_3k_3)$$

式中：　$k_1=f(x_i,y_i)$，　$k_2=f(x_i+ph,y_i+phk_1)$。

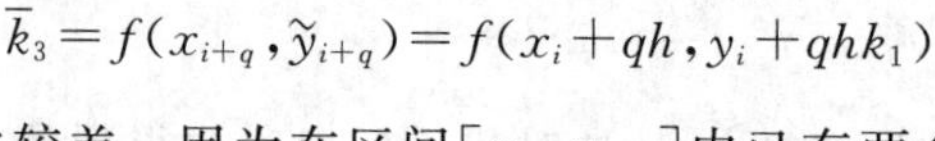

图 7-3

为了预报点 x_{i+q}的斜率 $\overline{k}_3$，一种自然的想法是用尤拉法预报，即取

$$\overline{k}_3=f(x_{i+q},\tilde{y}_{i+q})=f(x_i+qh,y_i+qhk_1)$$

但是，这样做效率比较差。因为在区间$[x_i,x_{i+q}]$内已有两个斜率可以使用，所以把 k_1,k_2 的线性组合作为$[x_i,x_{i+q}]$上平均斜率的近似值，当然比用尤拉法预报$y(x_{i+q})$精度要好。由此，得到 $y(x_{i+q})$的预报值

$$\tilde{y}_{i+q}=y_i+qh(rk_1+sk_2)$$

于是可取

$$k_3=f(x_{i+q},\tilde{y}_{i+q})=f(x_i+qh,y_i+qh(rk_1+sk_2))$$

从而得到三点计算公式的形式

$$\begin{cases}y_{i+1}=y_i+h(\lambda_1k_1+\lambda_2k_2+\lambda_3k_3)\\k_1=f(x_i,y_i)\\k_2=f(x_i+ph,y_i+phk_1)\\k_3=f(x_i+qh,y_i+qh(rk_1+sk_2))\end{cases}\tag{7-13}$$

类似前面二阶龙格-库塔公式的推导,利用泰勒展开法适当选择参数 $\lambda_1,\lambda_2,\lambda_3$, p,q,r,s 可以使上述公式(7-13)具有三阶精度,即局部截断误差为 $O(h^4)$。这一类公式统称为**三阶龙格-库塔公式**,下面列出的是其中一种,取 $\lambda_1=\lambda_3=\frac{1}{6},\lambda_2=\frac{2}{3},p=\frac{1}{2},q=1,r=-1,s=2$。

$$\begin{cases}y_{i+1}=y_i+\frac{h}{6}(k_1+4k_2+k_3)\\k_1=f(x_i,y_i)\\k_2=f\left(x_i+\frac{h}{2},y_i+\frac{h}{2}k_1\right)\\k_3=f(x_i+h,y_i-hk_1+2hk_2)\end{cases}\tag{7-14}$$

用类似方法,可以进一步给出四阶龙格-库塔公式。常用的一种称为**标准四阶龙格-库塔公式**是

$$\begin{cases}y_{i+1}=y_i+\frac{h}{6}(k_1+2k_2+2k_3+k_4)\\k_1=f(x_i,y_i)\\k_2=f\left(x_i+\frac{h}{2},y_i+\frac{h}{2}k_1\right)\\k_3=f\left(x_i+\frac{h}{2},y_i+\frac{h}{2}k_2\right)\\k_4=f(x_i+h,y_i+hk_3)\end{cases}\tag{7-15}$$

用公式(7-15)计算 y_{i+1},每前进一步需计算 4 次 $f(x,y)$ 的值,可以证明其局部截断误差为 $O(h^5)$,公式(7-15)具有四阶精度。

例 7.2　取 $h=0.2$,用标准四阶龙格-库塔公式求解初值问题

$$\begin{cases} y'(x)=y-\dfrac{2x}{y} \\ y(0)=1 \end{cases}$$

求在各节点上的数值解,并与表 7-1 中的改进尤拉法和其精确解进行比较。

解　$f(x,y)=y-\dfrac{2x}{y}$,　$h=0.2$

由 $x_0=0$,　$y_0=1$

得

$$k_1=f(x_0,y_0)=1$$

$$k_2=f\left(x_0+\frac{h}{2},y_0+\frac{h}{2}k_1\right)=0.918182$$

$$k_3=f\left(x_0+\frac{h}{2},y_0+\frac{h}{2}k_2\right)=0.908637$$

$$k_4=f(x_0+h,y_0+hk_3)=0.843239$$

所以

$$y_1=y_0+\frac{h}{6}(k_1+2k_2+2k_3+k_4)=1.183229$$

再计算 y_2

$$k_1=f(x_1,y_1)$$

$$k_2=f\left(x_1+\frac{h}{2},y_1+\frac{h}{2}k_1\right)$$

$$k_3=f\left(x_1+\frac{h}{2},y_1+\frac{h}{2}k_2\right)$$

$$k_4=f(x_1+h,y_1+hk_3)$$

所以

$$y_2=y_1+\frac{h}{6}(k_1+2k_2+2k_3+k_4)=1.341667$$

这样继续下去,计算结果列于表 7-2。

表 7-2

节点	改进尤拉法	四阶龙格-库塔法	精确解
0	1	1	1
0.2	1.184097	1.183229	1.183216
0.4	1.343360	1.341667	1.341641
0.6	1.485956	1.483281	1.483240
0.8	1.616475	1.612513	1.612452
1	1.737867	1.732140	1.732051

表 7-2 中改进尤拉法是用步长 $h=0.1$ 的计算结果，由该表看出，用标准四阶龙格-库塔法算得的每一个数值解与精确解比较大约具有 5 位有效数字。虽然比改进尤拉法多计算两次函数 $f(x,y)$ 的值；但是标准四阶龙格-库塔法的步长增大了一倍，因而两种方法总计算量相同。然而，标准四阶龙格-库塔法的精度却比改进尤拉法高得多。但是实践证明，高于四阶的龙格-库塔公式，不但计算量大，而且精度并不一定会提高，有时甚至会降低。

7.3.4 步长的自动选择

上面讨论的龙格-库塔方法是定步长的，单从每一步看，步长 h 越小，局部截断误差就越小；但随着步长的缩小，不但引起计算量的增加，而且也可能引起舍入误差的严重积累。而步长 h 太大又不能达到预期的精度要求，所以怎样选取合适的步长 h，这在实际计算中是很重要的。

我们以标准四阶龙格-库塔公式(7-15)为例，从节点 x_i 出发，先以某个 h 为步长求出一个近似值，记为 $y_{i+1}^{(h)}$，然后将步长折半，即取$\dfrac{h}{2}$为步长从 x_i 计算两步到 x_{i+1}，再求得一个近似值 $y_{i+1}^{(h/2)}$。记 $\Delta=|y_{i+1}^{(h/2)}-y_{i+1}^{(h)}|$ 来判断所选取的步长是否合适，分以下两种情况来处理：

(1)对于给定的精度 $\varepsilon>0$，如果 $\Delta>\varepsilon$，反复将步长折半进行计算，直到 $\Delta<\varepsilon$ 为止，这时取步长折半后的“新值”$y_{i+1}^{(h/2)}$ 作为选取的步长。

(2)如果 $\Delta<\varepsilon$，反复将步长加倍，直到 $\Delta>\varepsilon$ 为止，这时取步长加倍前的“老

值”作为选取的步长。

这种通过步长折半或加倍的方法,从表面上看,为了选择步长每一步的计算量似乎增加了,但总体考虑往往是合算的。

7.4 收敛性和稳定性

收敛性和稳定性从不同角度描述了数值方法的可靠程度。只有既收敛又稳定的方法才能得出比较可靠的计算结果。

7.4.1 收敛性

以上介绍的数值解法的基本思想是通过某种离散化手段,将微分方程转化为代数方程(差分方程)来求解。这种转化是否合理,还要看当 $h\to 0$ 时,差分方程的解 y_i 是否收敛到微分方程的精确解 $y(x_i)$。

定义 7.2 若一种数值方法,对于任意固定的 $x_i=x_0+ih(i=1,2,\cdots)$ 当 $h\to 0$(同时 $i\to\infty$)皆有

$$y_i-y(x_i)\to 0$$

则称该数值方法是**收敛**的,否则称为**不收敛**。

下面用简单的初值问题来分析尤拉法的收敛性。

初值问题

$$\begin{cases} y'=\lambda y \\ y(0)=y_0 \end{cases} \quad (\lambda<0,\text{且为常数}) \tag{7-16}$$

精确解为 $y(x)=y_0\mathrm{e}^{\lambda x}$。相应的尤拉公式为

$$y_{i+1}=y_i+\lambda h y_i=(1+\lambda h)y_i,\quad i=0,1,\cdots \tag{7-17}$$

逐步递推得

$$y_i=y_0(1+\lambda h)^i$$

由于这里 $x_0=0, x_i=ih$,于是有

$$y_i=y_0\left[(1+\lambda h)^{\frac{1}{\lambda h}}\right]^{\lambda x_i},\quad i=1,2,\cdots$$

当 $h\to 0$ 时 $(1+\lambda h)^{\frac{1}{\lambda h}}\to \mathrm{e}$,所以尤拉公式当 $h\to 0$ 时的解 y_i 收敛到(7-16)式

的精确解 $y(x_i)=y_0e^{\lambda x_i}$，$i=1,2,\cdots$。

一般说来用差分方程来近似微分方程，其公式至少具有一阶精度才有可能收敛，精度低于一阶的公式是没有什么实用价值的。

7.4.2 稳定性

以上关于收敛性的讨论是假定数值解法的计算过程是精确的，而实际上，前面讨论的各种数值方法的求解还会有计算误差。因为舍入误差是计算机运算所不可避免的，如果舍入误差的积累越来越大，那么由这种数值方法算出的 y_1，y_2，…，与初值问题(7-1)、(7-2)准确解的偏离也随之扩大，这样的数值方法是没有实用价值的，即这种方法是不稳定的。若这种误差能够控制得住，甚至是逐步衰减的，这种方法就是稳定的，这就是**数值稳定性**问题。

注意：这里说的稳定性，不是指常微分方程初值问题本身的稳定性，而是指数值方法的稳定性。稳定性在微分方程的数值解法中是一个很重要的问题，同时也是一个比较复杂的问题。数值稳定性有各种定义，我们只简单地介绍绝对稳定性概念。

定义 7.3 某一数值方法在节点 x_i 处给出初值问题(7-1)、(7-2)的数值解为 y_i，而实际计算得到的近似值为 $\tilde{y}_i$，差值

$$\varepsilon_i=\tilde{y}_i-y_i$$

称为**第 i 步数值解的扰动**。

假设 $\varepsilon_i\neq0$，即第 i 步有扰动，此后各步数值解的扰动 $\varepsilon_k(k=i+1,i+2,\cdots)$，仅依赖于扰动 ε_i 及数值方法本身，若

$$|\varepsilon_k|\leqslant|\varepsilon_i|,\quad k=i+1,i+2,\cdots$$

则称该数值方法是**绝对稳定的**，这时扰动得以控制。

下面以初值问题(7-16)式为例对尤拉法作稳定性分析。对(7-16)式，尤拉法公式为

$$y_{i+1}=y_i+h\lambda y_i=(1+\mu)y_i=S(\mu)y_i$$

式中：$\mu=\lambda h$ 于是扰动 ε_i 满足下述方程

$$|\varepsilon_{i+1}|=|S(\mu)||\varepsilon_i| \tag{7-18}$$

称(7-18)式为**扰动方程**，当$|S(\mu)|<1$时，有

$$|\varepsilon_{i+1}|<|\varepsilon_i|$$

由此归纳可得

$$|\varepsilon_k|<|\varepsilon_i|,\quad k=i+1,i+2,\cdots$$

区域Ω：$|S(\mu)|<1$称为尤拉公式的**绝对稳定区域**(对方程$y'=\lambda y$而言)。显然，绝对区域越大，该数值方法的稳定性越好。可见，适当选择的步长h，可使$|S(\mu)|\leqslant 1$成立，从而就可保证数值方法绝对稳定。

对于(7-16)式尤拉公式是

$$\begin{aligned} y_{i+1} &= y_i + h\lambda y_i = (1+h\lambda) y_i \\ &= (1+\mu) y_i \end{aligned}$$

绝对稳定区域为

$$|1+\mu|<1$$

即

$$0<h<-\frac{2}{\lambda}\quad(\lambda<0)$$

对于梯形公式

$$y_{i+1}=y_i+\frac{h}{2}(\lambda y_i+\lambda y_{i+1})$$

$$S(\mu)=\frac{\mu+2}{2-\mu}$$

绝对稳定区域为

$$\left|\frac{\mu+2}{2-\mu}\right|<1$$

即

$$0<h<+\infty$$

可见，对步长不需要任何限制，此时称梯形法是**无条件稳定的**。

对于标准四阶龙格-库塔方法

$$y_{i+1}=\left(1+\mu+\frac{\mu^2}{2}+\frac{\mu^3}{6}+\frac{\mu^4}{24}\right)y_i$$

绝对稳定区域为

$$\left|1+\mu+\frac{\mu^2}{2}+\frac{\mu^3}{6}+\frac{\mu^4}{24}\right|<1,\text{若设 }\lambda<0$$

由上式可近似得到

$$\text{当 } 0<h<-\frac{2.78}{\lambda}\text{时,四阶龙格-库塔方法绝对稳定。}$$

例 7.3 对于初值问题

$$\begin{cases} y'=-20y & 0<t\leqslant 1 \\ y(0)=1 \end{cases}$$

用标准四阶龙格-库塔方法求解,从绝对稳定性考虑,对步长 h 有何限制?

解 这里 $\lambda=-20$ 按绝对稳定性要求,步长 h 应满足

$$0<h<-\frac{2.78}{\lambda}<0.139$$

所以取 $h=0.1$ 是满足绝对稳定性要求的。而取 $h=0.2$ 则超出了上述范围,故算法不稳定。

对于一般方程 $y'=f(t,y)$,可取

$$|\lambda|=\max_t\left|\frac{\partial f}{\partial y}\right|$$

只要 $h\lambda=h\dfrac{\partial f}{\partial y}$属于所用方法的绝对稳定区域,则该方法就是绝对稳定的。

例 7.4 用二阶龙格-库塔方法求解初值问题

$$\begin{cases} y'=1-\dfrac{2ty}{1+t^2}, & 0<t\leqslant 2 \\ y(0)=0 \end{cases}$$

时,从绝对稳定性考虑对步长 h 有何限制?

解 $\lambda=\dfrac{\partial f}{\partial y}=-\dfrac{2t}{1+t^2}<0,\quad 0<t\leqslant 2$

$$\max_{0<t\leqslant 2}|\lambda|=\max_{0<t\leqslant 2}\left|\frac{2t}{1+t^2}\right|=1,\quad \text{所以 } \lambda=-1$$

又因为二阶龙格-库塔方法的绝对稳定区域

$$\left|1+\mu+\frac{\mu^2}{2}\right|<1$$

由上式近似得到

$$-2<\mu<0$$

有 $-2<\lambda h<0$,步长 h 应满足

$$-2<-h<0,\ \text{故取 } 0<h<2$$

由上面讨论可知,用数值方法求初值问题时,步长的选取很关键。它与稳定性及截断误差的要求有关,它们要求步长愈小愈好。但步长太小,在一定范围内

求解，步数就会过多，这将导致舍入误差的严重积累。原则上是在满足稳定性及截断误差要求的前提下，步长尽可能取大一些。

7.5　MATLAB 程序与算例

四阶龙格-库塔法求解常微分方程的 MATLAB 程序

建立函数式 M 文件，函数名为 R_K. m

```
function Y=R_K(f,a,b,y0,h)
% a,b 为自变量的取值区间[a,b]的端点
% m 为区间等分的个数,h 为步长
% y0 为初值 y(0)
m=(b-a)/h;
Y=zeros(m,1);
x=a;y=y0;
for n=1:m
K1=feval(f,x,y);
x=x+0.5*h;y1=y+0.5*h*K1;
K2=feval(f,x,yl);
y2=y+0.5*h*K2;
K3=feval(f,x,y2);
x=x+0.5*h;y3=y+y*K3;
K4=feval(f,x,y3);
y=y+h*(K1+2*K2+2*K3+K4)/6;
Y(n)=y;
end
```

例 7.5　取步长 $h=0.2$，用四阶龙格-库塔法求解初值问题

$$\begin{cases}\dfrac{dy}{dx}=y-\dfrac{2x}{y}, & 0\leqslant x\leqslant 1\\ y(0)=1\end{cases}$$

解　定义被积函数 fl. m：

```
function z=fl(x,y)
z=y-2*x/y;
```

在 MATLAB 命令窗口键入

```
>>a=0;b=1;h=0.2;y0=1;
>>R_K('fl',a,b,y0,h)
```

结果显示：

ans＝

1.1832

1.3417

1.4833

1.6125

1.7321

小　结

本章介绍了求解常微分方程初值问题(7-1)、(7-2)的一些数值方法，数值积分和泰勒展开法是构造这些方法的主要手段。

尤拉法由于其精度低，现在已很少用，但作为学习数值解法它给了我们以很好的启示。例如，讨论数值解的收敛性与稳定性，用尤拉公式比较容易介绍清楚。龙格-库塔法本章只介绍了显式公式。标准四阶龙格-库塔公式由于它具有精度高，易于编制程序且便于调节步长的优点，故它是应用最广泛的公式之一。其缺点是要求函数 $f(x,y)$ 具有较高的光滑性，如果 $f(x,y)$ 的光滑性差，那么，它的精度可能还不如尤拉法或改进尤拉法。再者，其计算量较大，每一步需四次计算函数 f 的值。

本章介绍的公式都是收敛的，稳定性也都有了结论，这里介绍的内容只是提请大家注意收敛性和稳定性的重要性，并没有深入进行讨论。应当指出：并非局部截断误差阶越高，其数值解越精确。误差估计、收敛性、稳定性是数值方法的三大基本理论问题，它们既重要，又复杂，深入的讨论已超出了本章范围。

习　题　7

1. 取 $h=0.1$，用尤拉公式解初值问题

$$\begin{cases} y'=x+y, & 0\leqslant x\leqslant 0.6 \\ y(0)=1 \end{cases}$$

并与精确解 $y(x)=2e^x-x-1$ 进行比较。

2. 若用尤拉方法解初值问题

$$\begin{cases} y'=ax+b \\ y(0)=0 \end{cases}$$

证明其局部截断误差为

$$y(x_i)-y_i=\frac{1}{2}a_ih^2$$

式中：$x_i=ih$，y_i 是近似解，而 $y(x)=\frac{1}{2}ax^2+bx$ 为此初值问题的准确解。

3. 取 $h=0.2$，用改进尤拉法解初值问题

$$\begin{cases} y'+y+xy^2=0, & 0<x\leqslant 2 \\ y(0)=1 \end{cases}$$

并将数值解 y_n 与精确解 $y(x)=\frac{1}{2e^x-x-1}$ 进行比较。

4. 用改进尤拉法求解初值问题

$$\begin{cases} y'=\frac{1}{1-0.2\cos y}, & 0<x\leqslant 2\pi \\ y(0)=0 \end{cases}$$

取 $h=\frac{\pi}{5}$。

5. 证明改进尤拉公式能准确地解初值问题

$$\begin{cases} y'=ax+b \\ y(0)=0 \end{cases}$$

6. 选取参数 p、q，使求积公式

$$y_{i+1}=y_i+hk_1$$
$$k_1=f(x_i+ph, y_i+qhk_1)$$

具有二阶精度。

7. 对于初值问题

$$\begin{cases} y'=xy^2, & 0<x<1 \\ y(0)=1 \end{cases}$$

试用(1)尤拉法；(2)改进尤拉法；(3)标准四阶龙格-库塔法分别进行计算，并列表比较之，取 $h=0.2$。

8. 取步长 $h=0.2$，用标准四阶龙格-库塔公式解初值问题

$$\begin{cases} y'=x+y, & 0\leqslant x\leqslant 0.6 \\ y(0)=1 \end{cases}$$

并与精确解 $y(x)=2e^x-x-1$ 进行比较。

9.试用二阶龙格－库塔方法求解初值问题

$$\begin{cases} y'=-10y, & 0\leqslant t<1 \\ y(0)=5 \end{cases}$$

从绝对稳定性考虑对步长 h 有何限制。

10.用标准四阶龙格-库塔方法，求解

$$\begin{cases} y'=1-\dfrac{10ty}{1+t^2} & 0\leqslant t\leqslant 10 \\ y(0)=0 \end{cases}$$

从绝对稳定性考虑，对步长 h 有何限制？

习题答案

第1章

1. $x_1=1.102$，　$|\Delta x_1|\leqslant\frac{1}{2}\times10^{-3}$；

$x_2=1.000$，　$|\Delta x_2|\leqslant\frac{1}{2}\times10^{-3}$；

$x_3=396.8$，　$|\Delta x_3|\leqslant\frac{1}{2}\times10^{-1}$；

$x_4=76.43$，　$|\Delta x_4|\leqslant\frac{1}{2}\times10^{-2}$；

$x_5=0.001271$，　$|\Delta x_5|\leqslant\frac{1}{2}\times10^{-6}$；

$x_6=0.4572$，　$|\Delta x_6|\leqslant\frac{1}{2}\times10^{-4}$；

$x_7=0.00001001$，　$|\Delta x_7|\leqslant\frac{1}{2}\times10^{-8}$。

2. $a_1=0.0315$，　$|\Delta a_1|\leqslant\frac{1}{2}\times10^{-4}$；

$e_{a_1}=1.5873\times10^{-3}$；$a_1$ 有 3 位有效数字；

$a_2=0.3015$，　$|\Delta a_2|\leqslant\frac{1}{2}\times10^{-4}$；

$e_{a_2}=1.65837\times10^{-4}$；$a_2$ 有 4 位有效数字；

$a_3=31.50$，　$|\Delta a_3|\leqslant\frac{1}{2}\times10^{-2}$；

$e_{a_3}\approx1.5873\times10^{-4}$；$a_3$ 有 4 位有效数字；

$a_4=5000$，　$|\Delta a_4|\leqslant\frac{1}{2}\times10^{0}$；

$e_{a_4}=10^{-4}$；a_4 有 4 位有效数字。

3. $a=1.73$，　$\Delta a\leqslant\frac{1}{2}\times10^{-2}$，　$e_x(a)\leqslant2.8902\times10^{-3}$；

$b=1.732$， $\Delta b\leqslant\frac{1}{2}\times10^{-3}$， $e_x(b)\leqslant2.8868\times10^{-4}$；

$c=1.7321$， $\Delta c\leqslant\frac{1}{2}\times10^{-4}$， $e_x(c)\leqslant2.8867\times10^{-5}$。

4. a 与 b 分别有 4 位与 2 位有效数字，c 没有有效数字。

5. $\Delta a\leqslant\frac{1}{2}\times10^{-5}$， $e_x(a)\leqslant\frac{1}{2}\times10^{-3}$；

$\Delta b\leqslant\frac{1}{2}\times10^{-2}$， $e_x(b)\leqslant\frac{1}{2}\times10^{-3}$；

$\Delta c\leqslant\frac{1}{2}\times10^{-3}$， $e_x(c)\leqslant\frac{1}{4}\times10^{-3}$。

6. a,b,c 分别有 3 位，1 位及没有有效数字。

7. 至少取 2 位有效数字。

8. $\frac{2x^2}{(1+2x)(1+x)}$，$|x|\ll1$；

$\frac{2}{\sqrt{x}(\sqrt{x^2+1}+\sqrt{x^2-1})}$，$|x|\gg1$；

$\frac{\left(2\sin^2\frac{x}{2}\right)}{x}$，$|x|\ll1,x\neq0$。

9. 第(3)个公式绝对误差最小。

10. 不稳定。从 x_0 计算到 x_{10} 时误差约为 $\frac{1}{2}\times10^8$。

11. $|\delta_y|=\frac{\delta}{|\ln x|}$。

第 2 章

1. $\frac{5}{6}x^2+\frac{3}{2}x-\frac{7}{3}$。

2. $-\frac{1}{3}(x-1)(x-2)(x-3)+\frac{3}{2}x(x-2)(x-3)-\frac{1}{6}x(x-1)(x-2)$。

3. 15.77。

5. 28.408。

6. 0.875，35.375。

7. 1.05830，$|R_3|<\frac{1}{2}\times10^{-6}$。

8. (1) 1.32436；(2) 1.15277。

9. 0.81873, $|R|<0.3\times10^{-5}$。

10. $\sqrt{1.01}\approx1.00501$, $|R(1.01)|<0.2\times10^{-6}$;

$\sqrt{1.19}\approx1.09087$, $|R(1.19)|<0.2\times10^{-6}$。

11. $L_n(x_0+th)=\sum_{k=0}^{n}\frac{(-1)^{n-k}f(x_k)}{k!(n-k)!}\prod_{\substack{j=0\\j\neq k}}^{n}(t-j)$,

$R_n(x)=\frac{f^{(n+1)}(\xi)}{(n+1)!}t(t-1)(t-2)\cdots(t-n)h^{n+1}$。

12. $y=-12.5+6.55x$。

13. $y=3.072e^{0.5057x}$。

14. $6.61854x^2-1.14720x+1.24551$;

$6.23900x^{2.01954}$。

15*. $S(x)=\begin{cases}\frac{x}{3}(-11x^2+14x+3), & x\in[0,1]\\ \frac{1}{3}(24x^3-91x^2+108x-35), & x\in[1,2]\\ \frac{1}{3}(-46x^3+329x^2-732x+525), & x\in[2,3]\end{cases}$

第3章

1. (1) $\frac{1}{3}f(0)+\frac{4}{3}f(1)+\frac{1}{3}f(2)$; 3次代数精度;

(2) $\frac{1}{3}[f(-1)+2f(0.68990)+f(-0.12660)]$, 2次代数精度。

2. 1.47754。

3. (1) $\frac{f'(\eta)}{2}(b-a)^2$, η在a,b之间; (2) $-\frac{f'(\eta)}{2}(b-a)^2$, η在a,b之间;

(3) $-\frac{f''(\eta)}{24}(b-a)^3$, η在a,b之间。

4. $T\approx0.64091$, $S\approx0.68306$。

5. 1.7733; 1.7828; 1.7904。

6. 0.110892; 0.63212; −5.698216。

7. 0.1115724。

8. 3。

9. 41; 2。

10. $h=\frac{1}{65}$,($n=65$)；$h=\frac{1}{3}$,($n=3$)。T_n 有 66 个节点,S_n 有 7 个节点。

11. (1)0.665；　(2)0.916290；　(3)11.85950155。

12*. 0.63212。

13*. 3.141624。

14*. −0.247,−0.215,−0.187;0.3, 0.26, 0.22。

第 4 章

1. $\boldsymbol{x}=(2,-1,2,-1)^{\mathrm{T}}$。

2. $\boldsymbol{x}=(-4,1,2)^{\mathrm{T}}$。

3. $\boldsymbol{A}=\begin{bmatrix}-2 & & \\ -4 & 10 & \\ -6 & -10 & -76\end{bmatrix}\begin{bmatrix}1 & -2 & -4 \\ & 1 & -3.2 \\ & & 1\end{bmatrix}$(克洛特分解),

$\boldsymbol{A}=\begin{bmatrix}1 & & \\ 2 & 1 & \\ 3 & -1 & 1\end{bmatrix}\begin{bmatrix}-2 & 4 & 8 \\ & 10 & -32 \\ & & -76\end{bmatrix}$(杜里特尔分解)。

4. $\boldsymbol{x}=(3,-2,6)^{\mathrm{T}}$。

5. $\boldsymbol{x}=(3,6,-1)^{\mathrm{T}}$。

6. $\boldsymbol{A}=\boldsymbol{L}\boldsymbol{L}^{\mathrm{T}}$,　$\boldsymbol{L}=\begin{pmatrix}2 & & \\ 1 & 1 & \\ -1 & -2 & 3\end{pmatrix}$;

$\boldsymbol{A}=\boldsymbol{L}\boldsymbol{D}\boldsymbol{L}^{\mathrm{T}}$,　$\boldsymbol{L}=\begin{pmatrix}1 & & \\ 1/2 & 1 & \\ -1/2 & -2 & 1\end{pmatrix}$,　$\boldsymbol{D}=\begin{pmatrix}4 & & \\ & 1 & \\ & & 9\end{pmatrix}$。

7. $\boldsymbol{x}=(2,1,-1)^{\mathrm{T}}$。

8. (1)$\boldsymbol{x}=\left(\frac{1507}{665},-\frac{1145}{665},\frac{703}{665},-\frac{395}{665},\frac{212}{665}\right)^{\mathrm{T}}$。

(2)$\boldsymbol{x}=(3,2,1)^{\mathrm{T}}$。

9. $\|\boldsymbol{x}\|_1=10$, $\|\boldsymbol{x}\|_2=\sqrt{38}$, $\|\boldsymbol{x}\|_\infty=5$;

$\|\boldsymbol{A}\|_1=6$, $\|\boldsymbol{A}\|_2=\sqrt{15+\sqrt{221}}$, $\|\boldsymbol{A}\|_\infty=7$。

10. $\|\boldsymbol{A}\|_1=8$, $\|\boldsymbol{A}\|_2=4\sqrt{2}$, $\|\boldsymbol{A}\|_\infty=6$。

11. $\mathrm{cond}(\boldsymbol{A})_\infty=39601$。

第 5 章

1.(Jaeobi 法)。

(1)$\boldsymbol{x}^{(9)}=(0.999877929,-1.000061035)^{T}$;

(2)$\boldsymbol{x}^{(12)}=(0.999871731,2.000011683,2.999758959)^{T}$。

(G-S 迭代法)。

(1)$\boldsymbol{x}^{(6)}=(1.000015258,-0.999996185)^{T}$;

(2)$\boldsymbol{x}^{(10)}=(0.999944091,2.000006914,2.999979019)^{T}$。

3.(1)收敛,(2)发散。

4.(1)发散,(2)收敛。

6.$\boldsymbol{x}^{(12)}=(1.50001,3.33333,-2.16667)^{T}$。

第 6 章

1.1.3242。

2.迭代公式(1)、(2)在 $x_0=1.5$ 邻近收敛,而迭代公式(3)发散,若选公式(2)迭代 3 次 $x^*\approx 1.47$。

3.0.091。

4.求正实根 x^* 时,取 $-\frac{1}{x^*}<c<0$;求负实根 x^* 时,$0<c<-\frac{1}{x^*}$。

5. 1.146。

6. 7.34847。

7. 1.879。

8. 3.0846。

10. 1.879。

11. 0.51098。

12. 0.905; 0.905; 0.905。

第 7 章

1.

节点	0	0.1	0.2	0.3	0.4	0.5	0.6
尤拉法	1	1.110000	1.221000	1.367100	1.574600	1.782100	2.020300

结果与准确答案比较,只有两位有效数字。

3.

节点	0	0.2	0.4	0.6	0.8	1.0
改进尤拉法	1.00000	0.8072	0.6369	0.49048	0.37780	0.29103
精确解	1.00000	0.80463	0.63145	0.48918	0.37720	0.29100

4.

节点	$\frac{\pi}{5}$	$\frac{2\pi}{5}$	$\frac{3\pi}{5}$	$\frac{4\pi}{5}$	π
改进尤拉法	0.76012	0.73624	0.73756	0.73749	0.73749

6. $p=\frac{1}{2}, q=\frac{1}{2}$。

7.

节点	尤拉法	改进尤拉法	四阶龙格-库塔法
0	1.00000	1.00000	1.00000
0.2	1.00000	1.02084	1.00267335
0.4	1.08000	1.04240	1.021797572
0.6	1.11456	1.10346	1.077586144
0.8	1.19481	1.24700	1.20538614
1.0	1.34774	1.60368	1.491202243

8.

节点	0	0.2	0.4	0.6
四阶龙格-库塔法	1	1.242800	1.583636	2.044213

结果与准确解比较有 5 位有效数字。

9. $0<h<0.2$。

10. $0<h<0.556$。

参考书目

[1] 李庆杨,王能超,易大义,编 .数值分析[M]. 武汉:华中工学院出版社,1982
[2] 易大义,蒋叔豪,李有法, 编 .数值方法[M]. 杭州:浙江科学技术出版社,1984
[3] 邓建中,葛仁杰,程正兴, 编 .计算方法[M]. 西安:西安交通大学出版社,1985
[4] 袁慰平,张令敏,黄新芹,等编 .计算方法与实习[M]. 南京:东南大学出版社,1992
[5] 姚敬之,编 .计算方法[M]. 南京:河海大学出版社,1993
[6] 郑成德, 主编 .数值计算方法[M]. 北京:清华大学出版社,2010
[7] 何汉林,主编 .数值分析[M]. 北京:科学出版社,2007
[8] 韩丹夫,吴庆标, 编 .数值计算方法[M]. 杭州:浙江大学出版社,2006
[9] 钱焕延,编 .计算方法[M]. 西安:西安电子科技大学出版社,2007
[10] 刘玲,王正盛,编 .数值计算方法[M]. 北京:科学出版社,2010
[11] 宋岱才,黄玮,潘斌,赵晓颖,编 .数值计算方法[M] .北京:化学工业出版社,2013
[12] 张民选,罗贤兵,编 .数值分析[M] .南京:南京大学出版社,2013
[13] 马昌凤,林伟川,编 .现代数值计算方法(MATLAB 版)[M]. 北京:科学出版社,2008